Günther Bauer

Bausteinbasierte Software

Günther Bauer

Bausteinbasierte Software

Eine Einführung in moderne Konzepte
des Software-Engineering

Die Deutsche Bibliothek – CIP-Einheitsaufnahme
Ein Titeldatensatz für diese Publikation ist bei
Der Deutschen Bibliothek erhältlich

ISBN 978-3-528-05722-0   ISBN 978-3-322-96371-0 (eBook)
DOI 10.1007/978-3-322-96371-0

Vorwort

Software unter Verwendung von Bausteinen zu entwickeln - dieser Gedanke drängt sich im Software Engineering auf. Bemühungen zu seiner Realisierung haben eine lange Tradition, sie reichen zurück bis zur Verwendung von Makros in ersten Assemblersprachen. Parnas legte dann im Jahre 1972 mit seinen 'Kriterien zur Modularisierung' den Grundstein für eine theoretische Fundierung des Bausteinkonzepts.
In der Zwischenzeit sind recht vielfältige Möglichkeiten zur Ausformung von Bausteinen entstanden. Objektorientierte Softwareentwicklung erweitert diese Möglichkeiten, besonders über das Klassenkonzept sowie Design Patterns und Frameworks. Componentware ist ein gegenwärtig bevorzugter Begriff für bausteinbasierte Software. Gemeint sind dabei primär Bausteinsysteme wie Java Beans oder Active X. Diesbezügliche Beschreibungen sind demzufolge entsprechend fokussiert.

Der hier gewählte Ansatz ist in diesem Sinne anders ausgelegt. Bausteinbasierte Softwareentwicklung als universelles Konzept herauszuarbeiten, ist unser Anliegen. Dabei wird das Ziel verfolgt, das Konzept Baustein im Kontext der Softwareentwicklung systematisch zu betrachten. Dazu werden einerseits die theoretischen Ansätze zur Ausformung von Bausteinen verdeutlicht und eingeordnet und andererseits Prinziplösungen sowie unmittelbar nachvollziehbare Beispiele praktischer Realisierungen vorgestellt.
Theoretische Ansätze zur Ausformung führen zur Differenzierung in Frameworks, Design Patterns, Komponenten, Klassenbibliotheken, Scripts, binäre Bausteine.
Architekturprinzipien werden thematisiert für GUI, „klassische" Einzelplatz-Anwendungen und immer stärker benötigte Groupware bzw. Telekooperationssysteme. Weiterhin werden Multimedia-Anwendungen und Ansätze für Inter- und Intranetlösungen unter dem Blickwinkel der Verwendung von Bausteinen diskutiert.
Bausteine als generalisiertes Konzept zu betrachten führt sowohl in der Gesamtheit als auch in zahlreichen Einzelheiten zu neuen Perspektiven auf ihre Verwendung bei der Entwicklung von Software. Damit ergibt sich eine solide Fundierung für das Verständnis und für die Anwendung solcher Ausprägungen des Bausteinkonzepts wie Frameworks, Design Patterns oder Componentware.

Günther Bauer

Inhaltsverzeichnis

Kapitel 1

Programmentwicklung mit Bausteinen

1.1 Der Problemkreis

Die Entwicklung von Programmen soll im Rahmen des objektorientierten Paradigmas diskutiert werden. Objektorientierte Programme können auf verschiedenartige Weise erarbeitet werden. Um eine relevante Systematik zur Verfügung zu haben, wird folgendes Schichtenmodell eingeführt.

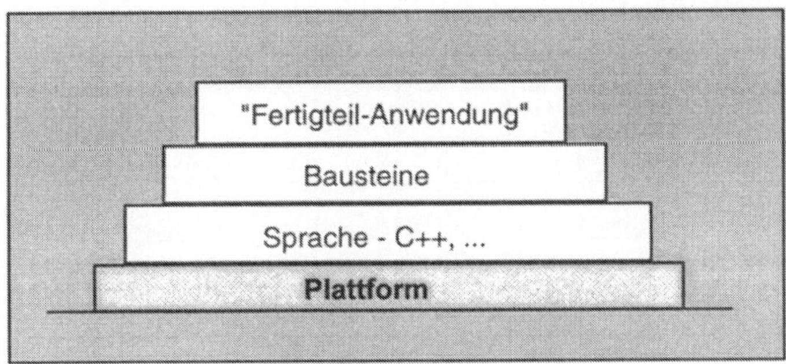

Abb 1.1 Schichtenmodell Programmerarbeitung

Programmerarbeitung auf dem Niveau der Bausteine unterstützt die Forderung nach Wiederverwendung. Die Überlegung, auf vorgefertigte Komponenten zurückzugreifen, ist bereits mit der Entwicklung symbolischer Programmiersprachen entstanden und wird seitdem in Form von Makros oder Programmbibliotheken verwirklicht. Im Rahmen der Objektorientierung wird nun der Gedanke Wiederverwendung erneut aufgegriffen und forciert. Aus diesem Grund wird die Betrachtung zu objektorientierten Programmen auf dieser Ebene angesiedelt.

„Fertigteil-Anwendung" steht für beinahe komplett vorgefertigte Applikationen, wie sie u.a. von Programmgeneratoren oder UIMS (User Interface Management Systems) unter Einbeziehen relativ kleiner spezifischer Ergänzungen durch den Entwickler erzeugt werden können.

Um die Vorstellung zu unterstützen, was unter einem Baustein verstanden werden soll, wird die folgende Erläuterung gegeben.

Baustein ist ein bestimmter Typ von Softwarekomponenten. Typbildendes Merkmal ist der Aufbau nach dem Open-Closed-Prinzip.

Open Eine Softwarekomponente ist offen, wenn sie erweitert werden kann, ohne dass der vorhandene Quellcode verändert werden muss oder existierende Clients davon berührt werden.

Closed Eine Softwarekomponente ist abgeschlossen, wenn sie mit einer definierten Schnittstelle zur Wiederverwendung zur Verfügung gestellt werden kann.

Die Schicht der Bausteine ist keineswegs homogen, sondern in sich wieder in unterschiedliche Möglichkeiten der Ausformung unterteilt. Deshalb eine weitere Skizze zur Verdeutlichung eben dieser Möglichkeiten, die wiederum in einem Schichtenmodell systematisiert sind (Tabelle 1).

Anwendung Baustein-Ebene	lokal	verteilt
Frameworks	ET++ (uis)	RMI (Java)
Komponenten	Anw.-Komponenten	Anw.-Komponenten
Klassen & Ressourcen	OWL + Workshop	OLE, SOM OpenDoc

Tab.1.1 Schichtung der Typen von Bausteinen

COMPONENTWARE

Bausteine, die für die Zusammenarbeit mit anderen - von verschiedenen Entwicklern unter Verwendung unterschiedlicher Programmiersprachen, Werkzeugen und Plattformen erarbeiteten - Komponenten ausgelegt sind.

FRAMEWORK

Zusammensetzung aus Klassen als Entwurf für die Lösung einer Gruppe ähnlicher Aufgaben.

Weiterführende Aspekte zum Konzept Baustein werden im Punkt 1.5 herausgearbeitet.

Für die Programmentwicklung mit Bausteinen finden sich drei Ansätze, die im Bild 1.2 skizziert sind. Diesen drei Richtungen soll nachgegangen und ihre Anwendung in unterschiedlichen Problembereichen beleuchtet werden.

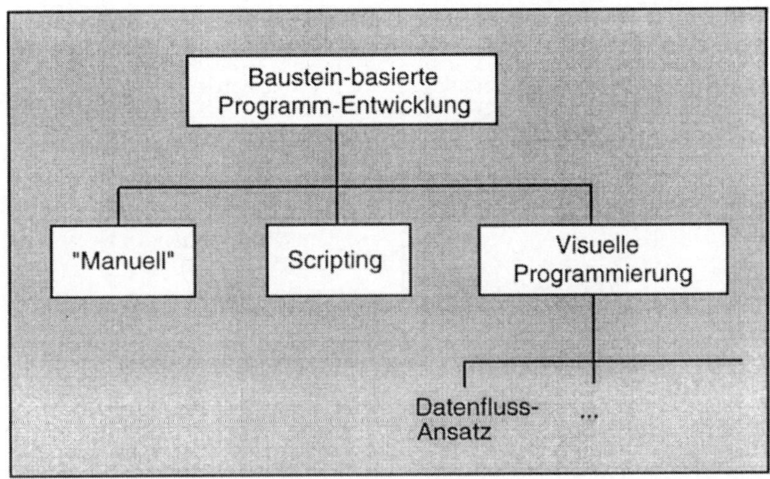

Abb.1.2 Ansätze Bausteinbasierung

Bausteine bei der Entwicklung von Programmen einzusetzen - dieser Gedanke, es wurde bereits angedeutet, besteht seit den Anfängen der Programmierung. Überlegungen zur Komposition von Bausteinen bezüglich ihrer möglichen Quellen und unter Berücksichtigung historischer Aspekte der Programmierentwicklung führen, in Anlehnung an Saleck (1997, H.3), zu der Ordnung in Tabelle 1.1.
Von den unteren Ebenen zu den oberen entwickeln sich Bausteine und Kompositionsmöglichkeiten weiter. Dabei nimmt in aller Regel jedoch auch die Komplexität der Kombinationsmechanismen zu. Wesentlicher Fortschritt dieser Entwicklung ist die Zunahme der Wiederverwendbarkeit - vor allem durch Herausbildung des Open-Closed-Prinzips - und die Möglichkeit zur Verknüpfung in sowohl logisch als auch physisch verteilten Informationssystemen.

Kompositions-Prinzip	Charakteristika
Request Broker	Kooperative Verarbeitung
Client/Server	Arbeitsteilung zwischen diversen Maschinen
Prozessaufruf, Dynamic Link Lib.	Verknüpfung selbständig. Programmeinheiten
Modulaufruf, Bibliotheksfunktn.	Verschiedene Quellen, Gleiches Ladeprogramm
Makros, Copyfunktn.	Verknüpfung ext. Elem. mit dem Quellprogramm
Unterprogramm, Prozeduraufruf lokal	Innerhalb eines Quell-programms

Tab. 1.2

1.2 Planmäßiges und zufällig bestimmtes Vorgehen

Softwareentwicklung soll ingenieurgemäß durchgeführt werden. Um dies näher spezifizieren zu können, sollen nun einige grundsätzliche Überlegungen zu menschlichem Handeln herangezogen werden. Zu Beginn wollen wir uns vergegenwärtigen, worauf sich die geistige Tätigkeit zur Softwareentwicklung bezieht. In Frage kommen dabei der

> Arbeitsprozess oder
> Arbeitsgegenstand.

ARBEITSPROZESS ist die Zusammenfassung der Schritte und Teilschritte einer Softwareentwicklung.

ARBEITSGEGENSTAND weist auf den Inhalt der Produkte und Zwischenprodukte, die bei der Softwareentwicklung zu erarbeiten sind. Es geht also vornehmlich um Funktions- und Datenstrukturen.

Der Prozess Softwareentwicklung ist, sicherlich ohne Widerspruch hervorzurufen, in seinem Typus nach als eine auf ein Ziel gerichtete Tätigkeit einzuordnen. Das Ziel besteht zweifelsohne darin, so zu handeln, dass Ergebnisse entstehen. Für solches gegenständliches Handeln des Menschen erkennt Volpert (1992) zwei Grundmuster:

> - planend-antizipatorisches Vorgehen
> - improvisierend-intuitiver Ablauf

Zur Veranschaulichung improvisierend-intuitiven Ablaufs stellen wir uns die Wanderung eines Computerinteressierten durch einen Supermarkt für Elektronik, Rechner und Zubehör vor. In der Annahme, dass eine feste Kaufabsicht nicht das gerade dominierende Motiv ist, wird der Gang durch die Stände und Regale hauptsächlich vom jeweiligen Blickfeld unseres Kunden bestimmt. Was gerade die Aufmerksamkeit erregt, wird zum Gegenstand der unmittelbar folgenden Betrachtung. Die Abfolge der einzelnen Handlungsschritte wird somit recht zufällig bestimmt.

Das eben skizzierte Verhalten kann zwar ganz unterhaltsam, in aller Regel aber - im Hinblick auf das Erreichen eines vorgegebenen Ziels - nicht sehr effektiv sein. Zum Zweck effektiver Zielorientierung hat sich der Mensch als Gattung das Grundmuster planend-antizipatorisch oder kurz planmäßiges Vorgehen entwickelt. Das Prinzipschema dieses Handlungsmusters wird in dem Bild 1.3 dargestellt (vgl. Volpert S.22). Die durchgehenden Linien kennzeichnen die hierarchische Struktur der Teilschritte.

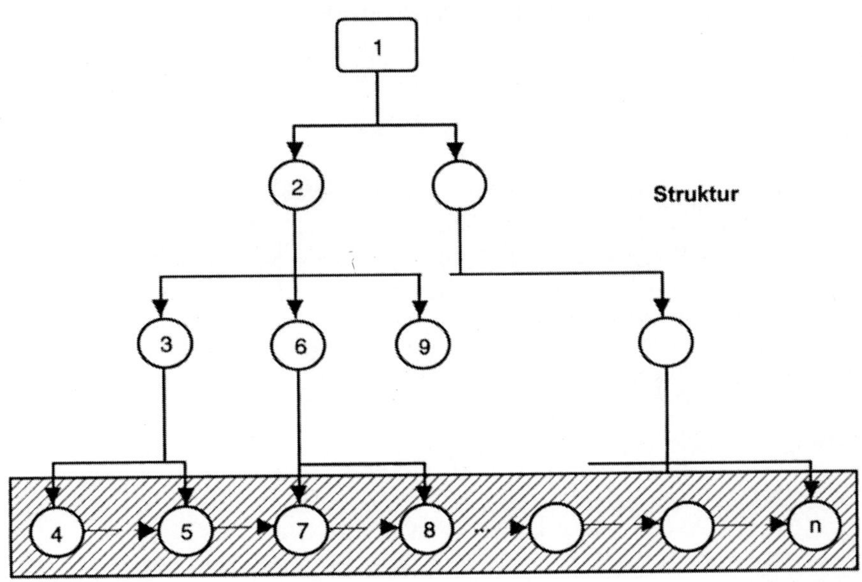

Abb. 1.3 Prinzip der hierarchisch-sequentiellen Handlungsorganisation

Die gestrichelten Linien weisen auf die sequentielle Abfolge der einzelnen Teilschritte, die zu dem angestrebten Ergebnis führen.

Softwareentwicklung ist jedoch auch ein Prozess zum Lösen von Problemen. Auf den unteren Stufen der Handlungsschritte sind Lösungen für die jeweiligen Teilaufgaben zu suchen. Damit verbunden sind Entscheidungen für eine Möglichkeit und gegen andere Alternativen.

Um beide Aspekte - zielgerichtete Handlungsabfolge und Problemlösen - zu vereinen, bedienen wir uns des Bildes von Makro- und Mikrobereich des Vorgehens. Im Makrobereich sind die Arbeitsschritte z.B. durch eine Entwurfsmethode vorgegeben. Im Mikrobereich gibt es die Schrittkombination Problemerkennen, Lösungsversuch und Eliminieren unzweckmäßig erscheinender Lösungen. Neben der Rückkopplung zwischen einzelnen Arbeitsschritten ergibt sich damit eine weitere Möglichkeit, dem realen Entwurfsprozess im Modell hinreichend nahezukommen.

Der Verlauf des Problemlösens wird vom Typ der zu bearbeitenden Aufgabe bestimmt.

ALGORITHMISCHE AUFGABEN sind vollständig formalisier- und berechenbar.
Beispiel: Mathematische Berechnungen.

STARK STRUKTURIERTE AUFGABEN
sind nach festen Regeln und unter vorgegebenen Mitteln zu bearbeiten.
Beispiel: Bestell- oder Reservierungsaufgaben.

SCHWACH STRUKTURIERTE AUFGABEN
sind weitgehend offen bezüglich der Mittel und Wege zur Bearbeitung.
Beispiel: Gestaltungs- oder Entwurfsaufgaben.

1.3 Tiefenstruktur des Entwicklungsprozesses

Wie bereits angeführt, wird der Arbeitsgegenstand der Softwareentwicklung vorrangig durch die Funktionen und die Informationen bzw. Daten bestimmt, die für die Anwendbarkeit eines Informationssystems erforderlich sind. Die wesentliche Komponente bei der Entwicklung von Informationssystemen ist deren Modellierung. Dies kann auf äußerst vielfältige Weise geschehen.

Deshalb erfolgt an dieser Stelle eine weit auf grundsätzliche Aspekte zurückgeführte Systematik zu Modellierungsansätzen.

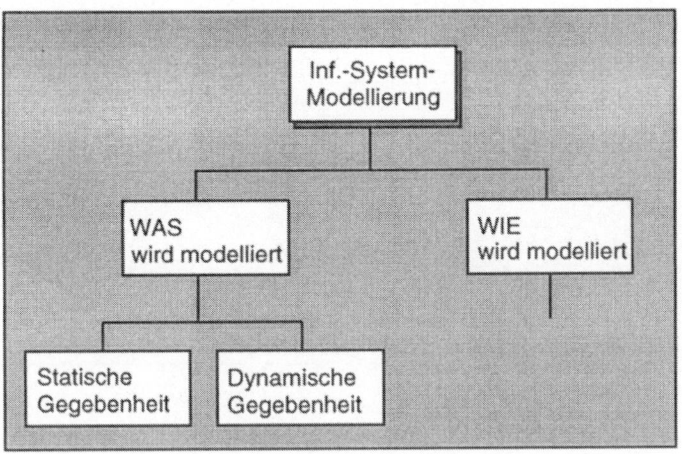

Abb. 1.4 Grundschema Modellierung

Folgende erste Konkretiserung der abgeleiteten Felder ist zweckmäßig.

Inf.-System-Modellierung
Statische Gegebenheiten Objekte + Beziehungen
Dynamische Gegebenheiten Prozesse + Beziehungen
WIE wird modelliert Differenzierungskriterien:
- Form (linear, grafisch)
- Formalisierungsgrad
- Theoretische Basis
- ...

Dabei sollten wir erkennen, dass WAS und WIE im Software Engineering keine absoluten Bezugsgrößen sind. Vielmehr ist es zweckmäßig, das Paar WAS und WIE beim Top-Down-Vorgehen Ebene für Ebene nach unten zu verschieben.

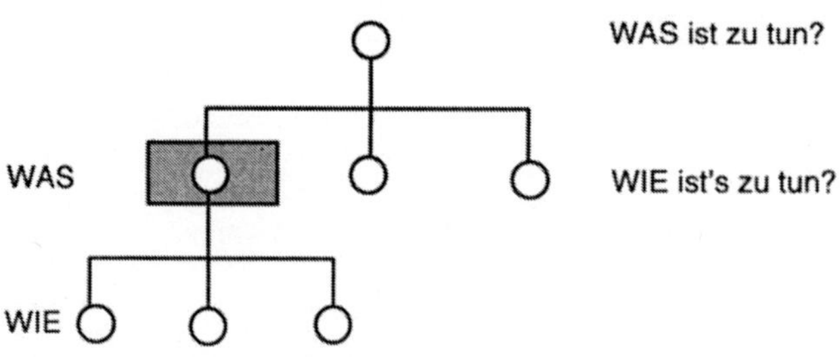

Abb. 1.5 Verschiebung von WAS und WIE

Ohne Zweifel hat jedwede Softwareentwicklung nach Form und Inhalt zwei Aufgaben zu bewältigen:

> • Funktions- Strukturierung
> • Daten-   Strukturierung.

Sehr verschieden fällt allerdings der Anteil des erforderlichen Aufwandes für die einzelnen Komponenten aus. Man stelle gedanklich die Entwicklung eines Betriebssystems einer Datenbankanwendung gegenüber, um dies deutlich werden zu lassen.

Beim Ableiten von bzw. dem Bezug auf Paradigmen des Software Engineering ist zu berücksichtigen, worauf diese Denkmuster angewandt werden. Hier sollte - wie u.E. überhaupt in der Softwareentwicklung - eine Rückbesinnung auf fundamentale Elemente erfolgen. Bezogen auf die zuletzt abgeleitete Unterteilung erweist sich dann die folgende Differenzierung hinsichtlich des jetzt zu berücksichtigenden WIE als sehr konstruktiv.

- Funktions   -Strukturierung wird als primär angesehen
                $\Rightarrow$ geschlossenes Unterprogramm
                             offenes   Unterprogramm
                             Prozeduren
- Daten   -Strukturierung wird als zentral angesehen
                $\Rightarrow$ Information Hiding
                             Abstrakter Datentyp
- Fkt.- und Daten-Strukturierung als Einheit
                $\Rightarrow$ Objektorientierung

Daraus wird ein erstes Argument für die Vermittlung von Methoden aller Ansätze abgeleitet, trotz der gegenwärtig dominierenden Fokussierung auf die Objektorientierung. Mit sowohl Funktions- als auch Datenstrukturierung hat der Entwickler es stets zu tun. Somit erscheint es uns förderlich, wenn entsprechende Ansätze bekannt gemacht werden.

Dabei sollte nicht nur das Einfühlungsvermögen von Studierenden im Auge behalten, sondern auch Funktions- und Datenorientierung in Unternehmen in Erinnerung gerufen werden.

Weiter bietet die Vorstellung von Methoden verschiedener Ansätze dem Studierenden Möglichkeiten, Vergleiche zu entwickeln. Dies mit der weiterführenden Zielstellung, zu erkennen, WAS mit einer Entwurfsmethode eigentlich getan wird.

Dem Lehrenden wird in einem solchen Rahmen die Gelegenheit eröffnet, die stets etwas anders aussehenden Arbeiten auf ein Grundschema der Tätigkeitsfelder zurückzuführen. Dieses wird nun abgeleitet.

Zu diesem Zweck beginnen wir mit der Differenzierung der Tätigkeitsziele in Aufbau- und Ablauforganisation. Innerhalb der Aufbauorganisation unterscheiden wir weiter zwischen der Überlegung, WAS gehört überhaupt zum zukünftigen Informationssystem und der Ordnung, WIE diese Komponenten strukturell zweckmäßig miteinander zu verbinden sind.

Im Rahmen des Entwurfs einer Ablauforganisation für unser Informationssystem gilt es herauszuarbeiten, wie die zeitliche Abfolge der Ansteuerung bzw. Benutzung der Komponenten einzurichten ist.

Wir kommen auf diesem Weg zu unserem Schema der Tätigkeitsfelder, welches daran orientiert ist, WAS Softwareentwickler in ihrer Tätigkeit zu tun haben. Wir haben dieses Schema von dem WIE - in dem Fall der jeweilig benutzten Entwurfsmethode - abgehoben. Somit finden wir ein Muster, das auf das Wesen der Entwurfstätigkeit zeigt und bei Variabilität im Erscheinungsbild der Entwurfsmethode stets erneut anwendbar ist.

Gegenstand	Betrachtungs-Aspekt		Ergebnis
Programm- Aufbau- Organisation	WAS	gehört zum System	Dekomposition einer Gesamtheit
	WIE	gehören die Komponenten zusammen	Relative Lage der Komponenten
Programm- Ablauf- Organisation	WIE	wirken die Komponenten	Zeitliche Position der Komponenten

Tab.1.3 Tätigkeitsfelder

Es ist zudem geeignet, durch die Rückführung auf eine Tiefenstruktur Gemeinsamkeiten von herkömmlichem und auch objektorientiertem Vorgehen herauszuarbeiten. Für die Erörterung der Softwareentwicklung im objektorientierten Paradigma erfährt dieses Schema zweckmäßigerweise eine geringfügige Anpassung.

Gegenstand	Betrachtungs-Aspekt		Ergebnis
Programm- Aufbau- Organisation	WAS	gehört zum System	Klassen- und Attribut- Strukturen
	WIE	gehören die Komponenten zusammen	
Programm- Ablauf- Organisation	WIE	für sich $\Rightarrow$ wirken Komponenten gemeinsam $\Rightarrow$	Lebenslauf Zusammenarbeit

Tab.1.4 Tätigkeitsfelder OO-Entwicklung

Nachfolgend wird nun dieses Grundschema der Tätigkeitsfelder auf einige objektorientierte Entwurfsmethoden übertragen und zwar um zu zeigen, wie die spezielle Ausformulierungen von Entwurfsschritten und Modellen und ihre Ergebnisse eingeordnet werden können.

Gegenstand	Betrachtungs-Aspekt		Ergebnis
Programm- Aufbau- Organisation	WAS	gehört zum System	Objekt- Modell
	WIE	gehören die Komponenten zusammen	
Programm- Ablauf- Organisation	WIE	für sich $\Rightarrow$ wirken Komponenten gemeinsam $\Rightarrow$	dynamisches Modell funktionales Modell

Tab.1.5 OMT - Rumbaugh u.a.

Gegenwärtig sehen wir uns einer schnell wachsenden Vielzahl von Vorschlägen für objektorientierte Entwurfsmethoden gegenüber. Um dies zu verdeutlichen verweisen wir z.B. auf Stein (1993), der die Notationen von Entwurfsmethoden vergleicht. Und, die Ansätze zur Vereinheitlichung führen bisher zu weiterer Vielfalt. Derartige Auffächerung ist wenig hilfreich für die

- Lehre, denn die Vielfalt der Erscheinungsformen verstellt den Blick
  auf Grundsätzliches
- Tool-Entwickler, denn die Entscheidung für oder gegen eine Linie lässt
  sich fachlich kaum fundieren
- Anwender, denn die einsatzrelevanten Merkmale sind durch die
  Präsentationsformen zu stark verdeckt.

Aus diesen Gründen ist es unbedingt erforderlich, in den Entwurfsmethoden von den Erscheinungsformen zu abstrahieren und die wesentlichen Merkmale deutlich herauszuarbeiten. Wir machen dies mit der oben vorgenommenen Rückführung auf die Tätigkeitsfelder der Softwareentwicklung. Wie schon am Beispiel von OMT gezeigt, lässt sich nunmehr die Tiefenstruktur des objektorientierten Entwurfsparadigmas veranschaulichen und somit die Methoden auf eine gewissermaßen Normalform zurückführen. Zur weiteren Veranschaulichung gehen wir dazu auf die Methode ROOA (Rigorous Object-Oriented Analysis) ein. Hier ist es die Zielsetzung, eine formale Spezifikation als Ergebnis des Entwurfs abzuleiten. Die bildliche Darstellung dieser Methode zeigen wir - in Anlehnung an Moreira und Clark (1994) mit der Abbildung 1.6.

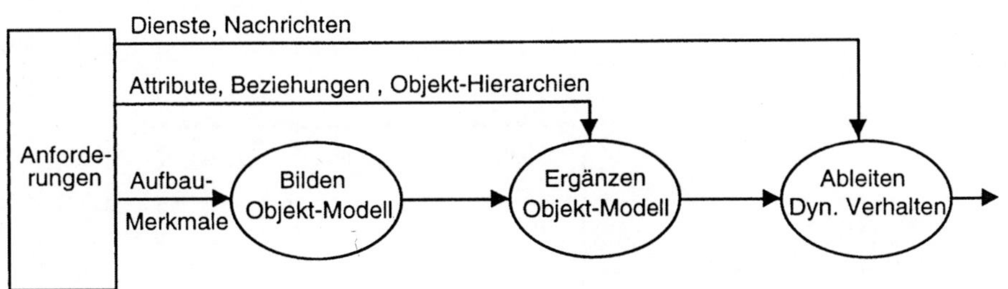

Abb.1.6 Methode ROOA

Prüft man die Beschreibung von ROOA - unter Zuhilfenahme unseres Schemas - genauer, so zeigt sich auch hier Übereinstimmung, wie im nachstehenden Tableau deutlich gemacht wird.

Gegenstand	Betrachtungs-Aspekt		Ergebnis
Aufbau-Organisation	WAS	gehört zum System	Objekt- Modell
	WIE	gehören die Komponenten zusammen	erstes ergänzt
Ablauf-Organisation	WIE	wirken Komponenten	dynamisches Modell ETD OCT

Tab.1.6 ROOA

ETD bedeutet Event Trace Diagram - eine Darstellung der Auswirkung eines äußeren Ereignisses im System, also die Kette der Systemreaktionen. OCT steht für Object Communication Table. Hierbei handelt es sich um die Zusammenfassung der einzelnen ECT. Das Prinzip dieser Tabelle wird in 1.7 gezeigt.

In einem zweiten Durchlauf durch den oben gezeigten Lebenszyklus erfolgt die Strukturierung des bisherigen Entwurfs in bezug auf Herausbildung von Teilsystemen. Abschließend wird dann das formale Modell abgeleitet und mit LOTOS beschrieben.

Objekt	Dienst angeboten	Dienst benötigt	Clients	Gates

Tab.1.7 Object Communication Table in ROOA

Natürlich lassen sich auch Unterschiede zwischen einzelnen Methoden feststellen. Zurückgeführt auf die "Normalform" zeigt sich aber, dass diese Differenzen - abgesehen von Variationen in der Notation - sich auf zwei Punkte konzentrieren:

- Aufteilung der Teilschritte auf Prozessabschnitte, d.h. wann welche
  Komponente entwickelt werden soll, ist an unterschiedlichen Stellen
  im Arbeitsprozess positioniert.
- Berücksichtigung von Teilaspekten in den Modellen.

Spätestens jetzt drängt sich die Frage auf, was bringt der Übergang von einer Methode zu einer anderen überhaupt. Und hier sehen wir eine weitere Gelegenheit, Wissen über Methoden zu vermitteln. Zum Beispiel durch Auseinandersetzung mit Bewertungsmöglichkeiten für Entwicklungsmethoden (s.d. Basili 1985). Bei der Gegenüberstellung von Ansätzen in diesem Sinne ließe sich praktizieren, was es bedeutet Methoden zu bewerten. Ergebnis sollten Erkenntnisse sein, welche Gründe es geben kann, ein Vorgehen aufzugeben und auf ein anderes umzusteigen.

Es wird nun die Frage 'objektorientiert oder strukturiert' noch einmal aufgegriffen und an dieser Stelle festgehalten, dass man damit keinen Gegensatz konstruieren sollte. So wird bei näherer Betrachtung deutlich, dass auch bei objektorientiertem Vorgehen wohlgeordnete Strukturen zu entwickeln sind.
Unser kurzer Ausblick führt uns zum zusammenfassenden Vorschlag, sowohl die herkömmlichen als auch objektorientierte Methoden im Software Engineering zu berücksichtigen. Folgende Überlegungen halten wir dabei für besonders interessant.

♦ Das WIE einer Methode verdeckt gerade für Studierende zu oft, WAS wird
  eigentlich getan. Vergleichende Betrachtung kann dies überwinden, wenn der
  Vergleich
    - nicht bei der Syntax stehenbleibt sondern
    - auf grundlegende Aspekte (z.B. Tätigkeiten) zurückgeführt
    wird.
♦ Ein Grundschema der Tätigkeitsfelder zeigt auch, dass die Konstruktion eines
  Gegensatzes wie strukturiert oder objektorientiert in die Irre führen kann. Der
  Anschluss des Grundschemas an prinzipielle Arbeitsweisen des Menschen
  überhaupt zeigt, dass viele Denkfiguren so informatikspezifisch nicht sind, wie oft
  suggeriert wird. Man vergleiche dies mit Volperts Modell des planend-antizipato-
  rischen Vorgehens im gegenständlichen Handeln, das zu einer hierarchisch-sequentiellen Organisation des Handelns führt.
♦ Wir setzen mit einem Pro zur Lehre verschiedener Paradigmen für Analyse und
  Entwurf der kurzschrittigen Orientierung auf Einsatzbereitschaft des Studierenden - durch Bereitstellung von Fakten zu einer Methode - eine langfristig wirk-
  same Möglichkeit zur Neuorientierung durch Vermittlung von Methodenwissen zu
  Methoden entgegen.
  Im Management, als einem der wesentlichen Anwendungsbereiche der Produkte
  des Software Engineering, gibt es eine deutliche Orientierung auf Daten und
  Funktionen. Beginnend bei den Unternehmenszielen, erfolgt die Umsetzung dieser über Teilfunktionen zu Funktionsträgern bis hin zu Funktionsplänen. Der Zusammenhang zwischen Anwendungsbereich und Softwareprodukt sollte nicht
  unnötig verkompliziert werden.

Und es wird einem Manager oder Sachbearbeiter auch schwer plausibel zu machen sein, weshalb z.B. ein bis dato im Büro völlig passiv vorhandener Ordner zwecks Ansammlung von Informationen bzw. Daten allein durch Einführung eines neuen Paradigmas plötzlich ein vielfältig agierendes Objekt wird.

♦ Nicht jede Aufgabe ist, wenn objektorientiert implementiert, auch effizient realisiert (vgl. Mössenböck 1993)

Fazit ist somit, dass hier der Objektorientierung nachgegangen werden soll, ohne den mitunter auftretenden Anspruch auf Ausschließlichkeit forcieren zu wollen.

1.4 Arbeitsprozessmodell für objektorientierte Systeme

Aufbauend auf Wirfs-Brock u.a. (1991) sowie Honiden u.a. (1993) leiten wir nun folgendes Arbeitsprozessmodell für objektorientiertes Vorgehen ab.

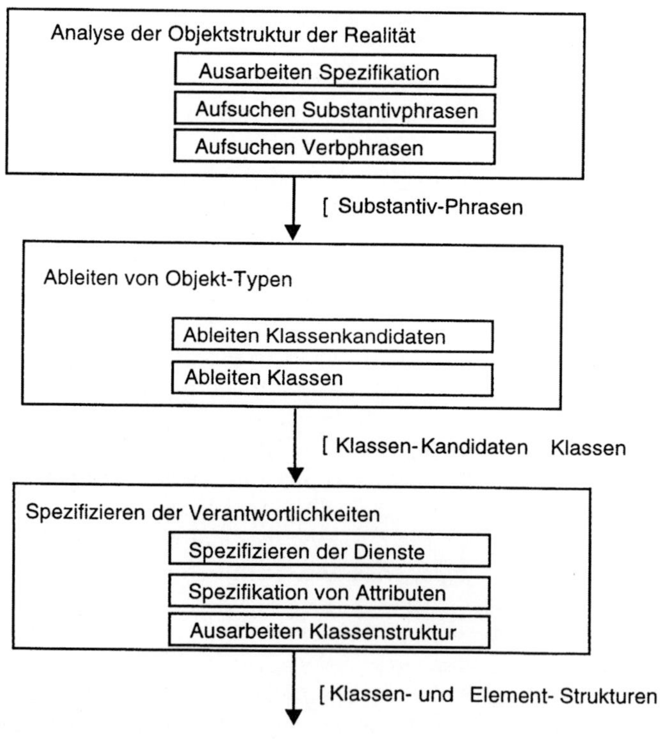

Abb.1.7 Aufbauorganisation ableiten

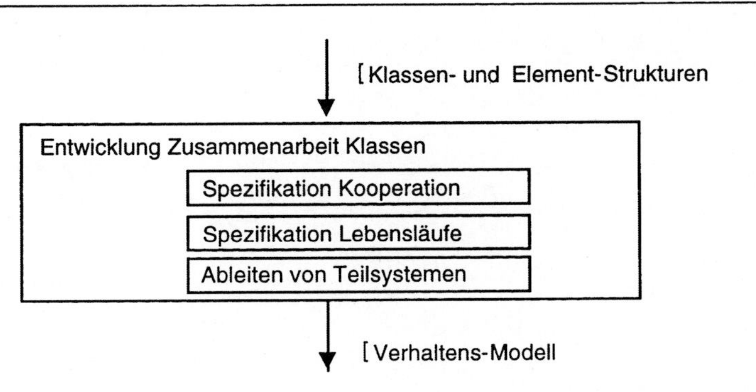

Abb.1.8 Ablauforganisation ableiten

Dieses Modell für den Arbeitsprozess kann im Sinne des top-down verfeinert werden. Wir greifen zu diesem Zweck den (komplexen) Arbeitsschritt 'Spezifikation der Kooperation' auf und unterteilen ihn in weitere Schritte höheren Feinheitsgrades.

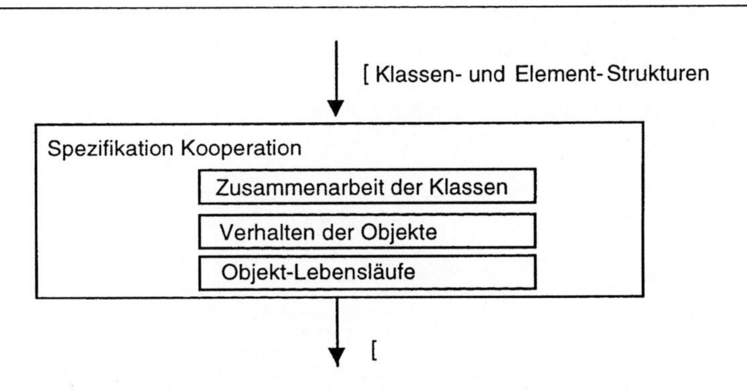

Abb1.9 Verfeinerung Arbeitsschritt

Die direkte Orientierung objektorientierten Vorgehens am Phasenmodell zeigt, dass die bisher entwickelten Methoden nicht so angelegt sind, dass eine unmittelbare Einordnung vorgenommen werden kann. Die hier herausgearbeiteten Tätigkeitsfelder und die Betrachtung des Arbeitsprozesses unter objektorientiertem Blickwinkel bieten jedoch eine Möglichkeit vorteilhafter Systematik der Entwicklungsschritte (Abb.1.10).

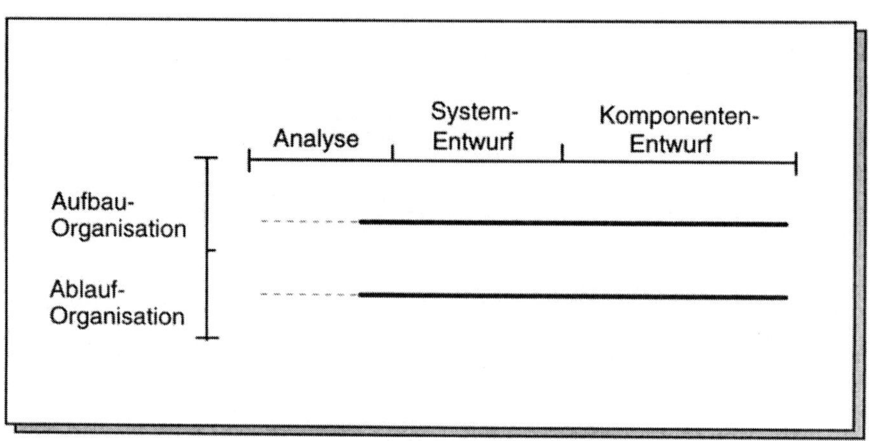

Abb.1.10 Einordnung Phasenmodell

Objektorientierte Vorgehensmodelle rücken in aller Regel die Funktionalität der Anwendung ins Zentrum der Betrachtung. Um die Benutzung des Informationssystems zweckmäßig einzurichten, müssen dann zusätzliche Überlegungen angestellt werden. Ein entsprechendes Vorgehen wird nun umrissen. Als Ausgangspunkt wird in diesem

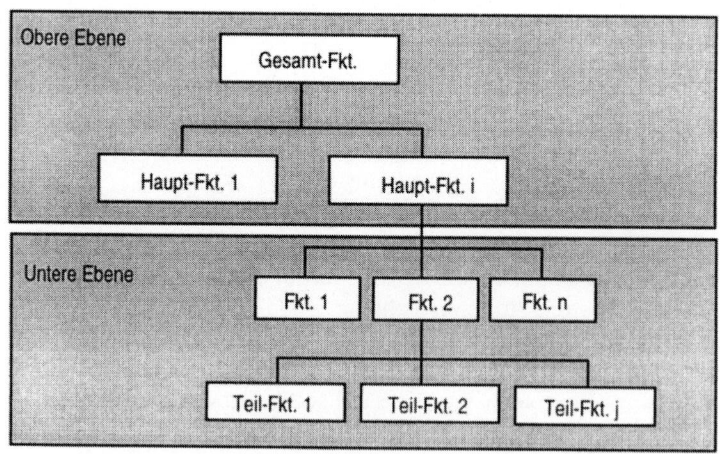

Abb.1.11 Ableiten Dialogstruktur

Fall die Funktionshierarchie gewählt. Um das Ablauf- bzw. Steuermodell für die Bedienung zu entwickeln, leiten wir im ersten Schritt eine Dialogstruktur ab. Dazu teilen wir die gesamte Funktionalität in zwei Ebenen. Die obere Ebene ist die Vorlage für die Struktur des Dialogs als Ganzes. In der unteren Ebene befinden sich die Ablaufstrukturen für die einzelnen Dialogpunkte. Mit einer solchen Zweiteilung begegnen wir dem Problem, dass die Zahl der Zustände mit der Vertiefung zu groß werden kann, um sie effektiv zu modellieren.

Die Modellierung für die Dialogstruktur kann nun mittels Transitionsdiagramm - wie z.B. Interaktions-Diagramm - bewerkstelligt werden, ohne die Modelle zu überladen. Für die untere Ebene gilt das i.Allg. nicht mehr auf Grund der bereits angesprochenen Vielzahl von Details, welche berücksichtigt werden müssen. Es handelt sich um Zustände, Ereignisse und Übergänge. Da werden Zustandsübergangs-Diagramme bereits bei einer Anzahl von Zuständen etwa jenseits der 10 unlesbar. StateCharts bringen spürbare Verbesserung, da Zustände und Übergänge parallel dargestellt werden können.

In einem zweiten Schritt wird dann der Aufbau der Dialogpunkte ausgearbeitet. Dabei haben wir es zu tun mit dem Entwurf des Layouts des Fensters. Eine sehr übersichtliche Darstellung der Fensterstruktur ergibt sich auch hier durch die hierarchische Anordnung der Elemente. Die Abb.1.12 zeigt das Prinzip.

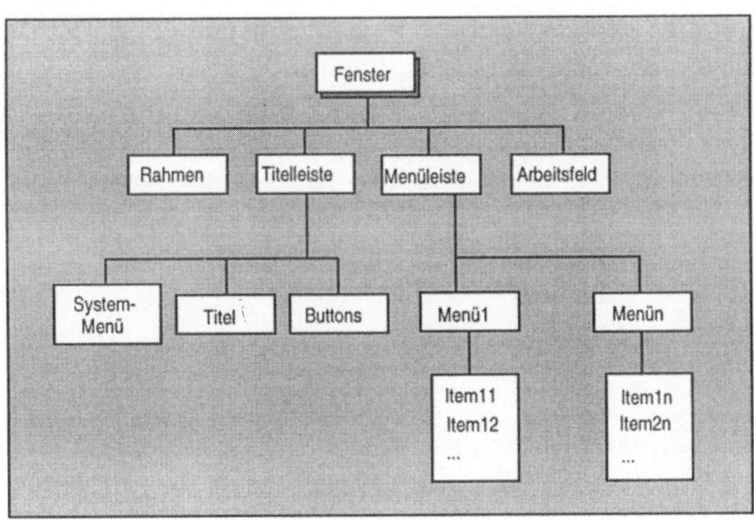

Abb.1.12 Fenster-Struktur

Der dritte Schritt wird dann ausgeführt mit dem Ziel, den Ablauf innerhalb der Dialogpunkte zu erarbeiten. Hier werden jetzt kompakte Notationen benötigt, um die

bereits erwähnte Anhäufung von Details und ihrer Zusammenhänge nachvollziehbar modellieren zu können. Und zweckmäßig ist eine objektorientierte Modellierung, wie sie z.B. mit ODSN vorgeschlagen wird (Szwillus 1996). Durch einige Anmerkungen sollen die Grundlemente von ODSN beleuchtet werden.
Die Darstellung der möglichen Zustände der Bildschirmobjekte erfolgt mittels Flags. Diese kennzeichnen die erreichbaren Status für jedes Objekt. Das Produkt aller Zustände beschreibt dann den Zustandsraum für die Anwendung.

Die Darstellung der möglichen Ereignisse, auf welche die Objekte reagieren, erfolgt in der Gruppen INPUT EVENTS (für Benutzereingaben), SYSTEM EVENTS (für Systemaktionen) und TIMER EVENTS für abgelaufene Zeitintervalle.

```
object MAIN
INPUT EVENTS
        Menu ( iSelect,  iCreateRect,  iDelete, iQuit)
        DrawArea ( iPos{ int x, y},
                        intern iPickRect{ oid PickObject})
SYSTEM EVENTS
        Fehler (sDivisionDurchNull)
TIMER EVENTS
        Verzögerung (tRechenzeit [2000])
```

Ablauf-Modellierung Beispiel OSDN

Hinzu kommen weitere Übergangsregeln, um Zustandsveränderungen als Reaktion auf Ereignisse modellieren zu können, und es gibt zusätzliche Regeln für die Darstellung von Objektdynamik (Lebenszyklen), die zur Änderung des Zustandsraums während der Abarbeitung führt.

1.5 Die Orientierungspunkte

Das Konzept Baustein, so ist bereits zu erkennen, hat zahlreiche und sehr verschiedene Aspekte. In Fortführung der Exploration zu diesem Konzept wird nunmehr aus dem Blickwinkel des Software Engineering heraus folgende Systematik entwickelt (Abb.1.13).

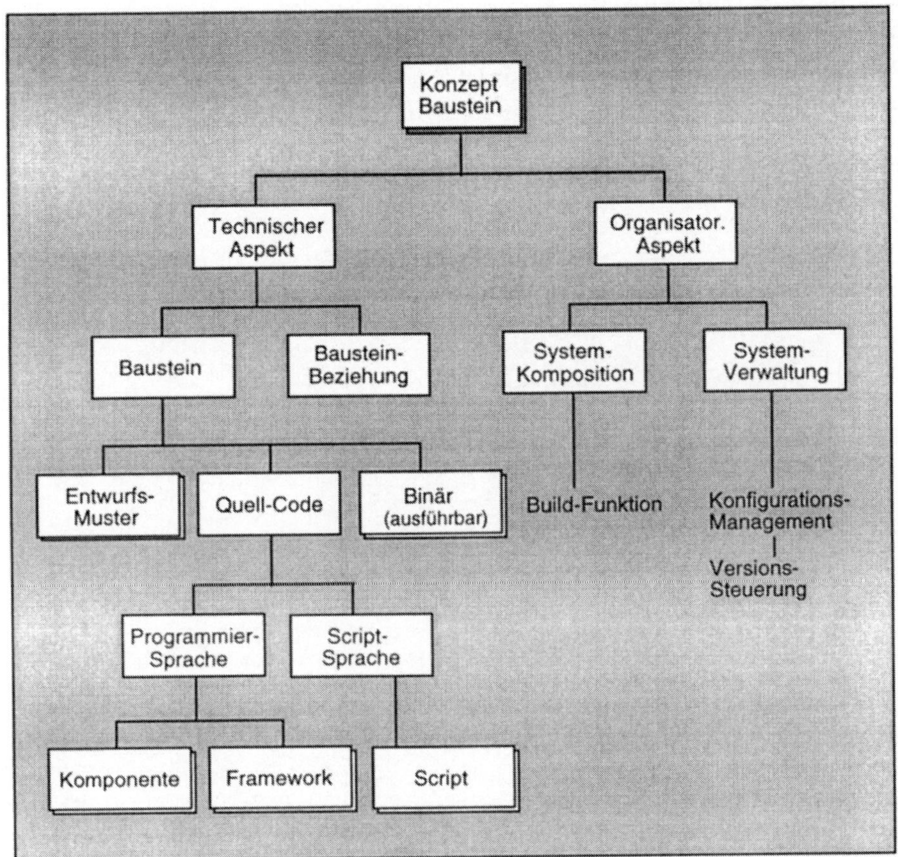

Abb.1.13 Aspekte Bausteinkonzept

Die Blätter im skizzierten Baum symbolisieren die unterschiedlichen Varianten zur Ausformung von Bausteinen. Die Spannweite reicht von den Entwurfsmustern bis zur übersetzten Form ausführbarer Module. Der Schwerpunkt liegt auf dem Bereich des Quellcodes mit seinen verschiedenartigen Erscheinungsbildern. Beziehungen zwischen Bausteinen sind in dem Diagramm nicht weiter spezifiziert. In den Erörterungen werden sie aber nicht unberücksichtigt bleiben. Auf der Seite des organisatorischen Aspekts ist für die Entwicklung bausteinbasierter Software die Build-Funktion natürlich von Bedeutung. Gegenwärtig wird hier vor allem die Make-Funktion genutzt; zum Teil werden aber auch dafür Scripts eingesetzt. Die Themenbereiche Konfigurations- und Versionsmanagement werden hier nicht behandelt.

Die Diskussion um bausteinbasierte Softwareentwicklung wird nun auf folgende Weise weitergeführt. Die vielfältigen Formen von Software werden auf Informationssysteme eingeschränkt. Dazu werden auch die zahlreichen Anwendungsmöglichkeiten für Informationssysteme systematisiert (Abb.1.14).

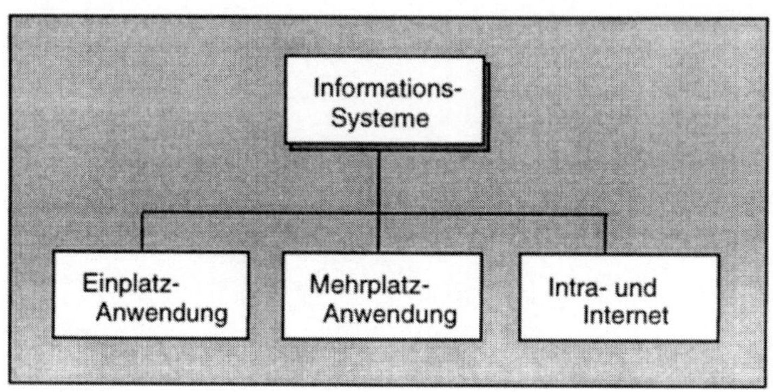

Abb. 1.14 Anwendungsbereiche Inf.-Systeme

Innerhalb der einzelnen Anwendungsbereiche wird dann exemplarisch unter Bezug auf typische bzw. weit verbreitete Entwicklungsumgebungen die bausteinbasierte Softwareentwicklung betrachtet und Prinzipielles herausgearbeitet. Damit verbunden ist die Zielsetzung, dem Leser mittels Gegenüberstellung und Reflexion von Erscheinungen (zum Teil durchaus sehr verschiedener Gestalt) und grundlegender Ansätze eine Reduktion der Komplexität zu ermöglichen. Durch dieses Vorgehen ergibt sich dann ein entsprechendes Raster für unsere Themenkreise (Abb.1.15). Links oben ist der Anfangs- und Kernpunkt der Ausarbeitung angegeben. Der Pfeil im darunterliegenden Kästchen weist auf die Eingrenzung des Themas auf eine bestimmte Kategorie von Software. Und hier werden dann Anwendung sowie Entwicklung beispielhaft disputiert.

Mit dieser Systematisierung gelangen wir dann zu den nachstehend zusammengestellten Hauptthemen im vorliegenden Buch (Abb.1.16).

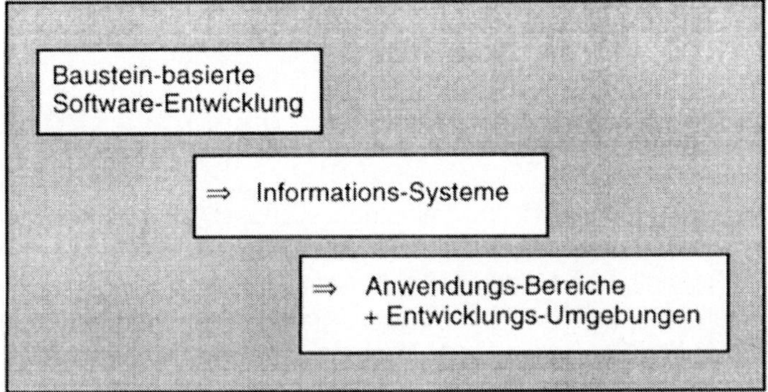

Abb.1.15 Ableitung Thematik

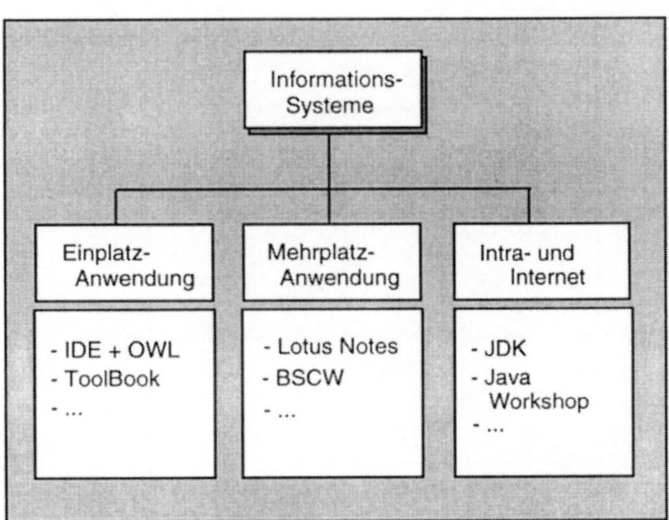

Abb. 1.16 Hauptthemen

2 Einzelplatz-Anwendungen

2.1 Produktdomäne

Wenn man von Analyse, Entwurf und Implementierung bei der Softwareentwicklung spricht, wird sehr häufig auch die Palette der Produkte assoziiert, welche erarbeitet werden soll. Dies erfolgt über ausdrückliche Benennung, über den Kontext - wie zum Beispiel 'Entwicklung von Informationssystemen' - oder völlig implizit durch bestimmte Annahmen beim Autor bzw. beim Leser. Für die vorliegende Abhandlung soll nun explizit erläutert werden, welche Domäne von Produkten mit den Überlegungen zur bausteinbasierten Realisierung von Software verbunden wird. Ausgangspunkt dieser Erklärung ist eine Skizze in Anlehnung an Saake (1993), welche die Komponenten von Informationssystemen in Form eines Schichtenmodells zusammenstellt.

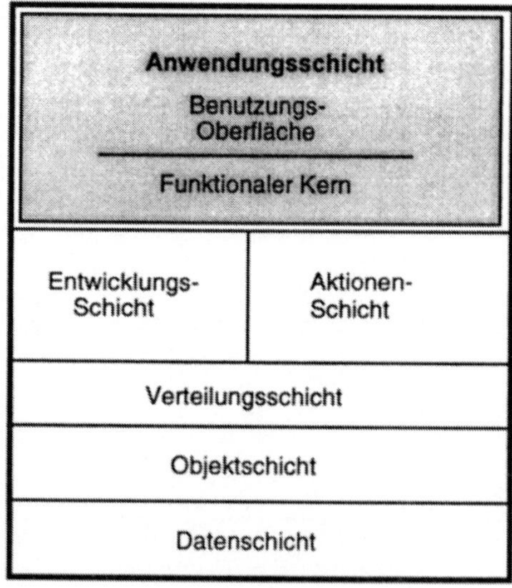

Abb. 2.1 Schichtenmodell Informationssystem

Die Darstellung soll hervorheben, dass Methoden für Analyse und Entwurf, wenn nichts anderes vereinbart wird, in aller Regel auf die Produkte der Anwendungsschicht bezogen werden. In wachsendem Maße werden dabei Komponenten der Verteilungsschicht berücksichtigt werden.

Ein zweiter Schritt zur Behandlung der Produktdomäne sind Überlegungen bezüglich Objektorientierung als Begriff. Zu diesem Zweck einige Gedanken zur Einführung des Begriffs Objekt in die Softwareentwicklung. Anlass dazu gibt folgende - gegenwärtig bestimmende - Situation in der "Objektorientierung".

- Die Realität besteht aus Objekten und Beziehungen zwischen ihnen. Diese Sicht auf die Welt geht zurück bis in die antike griechische Naturphilosophie (Thales, Heraklit, ...)
- Die Informatik hat sich diese Sicht bereits mehrfach erfolgreich zu eigen gemacht
  - Daten-Modellierung: 1976 P.P. Chen mit dem Entity-Relationship Model
  - Funktions-Modellierung: 1978 Teichroew mit ISDOS (eines der ersten Upper-CASE-Tools überhaupt).
- Dies wird gegenwärtig von vielen Informatikern ignoriert. Darüber hinaus halten zahlreiche Informatiker jetzt bestimmte im Arbeitsspeicher erzeugte Gebilde für die Inkarnation von Objekten schlechthin. Dies führt zwangsläufig zu Irritationen (mindestens) bei Anwendern.
- Es wird deshalb hier folgende Position eingenommen:

> OBJEKT   ist eine Gegebenheit der relevanten Realität, physischer oder konzeptioneller Art.
>
> SOFTWARE-OBJEKT
>   ist eine zur Laufzeit im Arbeitsspeicher erzeugte Repräsentation einer Klasse, die u.U. dann im externen Speicher aufbewahrt und später erneut genutzt wird.

Für die Praxis der Erarbeitung von Software wird das Schichtenmodell für Informationssysteme (Abb.2.1) neu interpretiert. Betrachtungsaspekt ist dabei der Arbeitsgegenstand in der Softwareentwicklung: Funktions- und Datenstrukturierung. Ergebnis ist ein auf 3 Ebenen reduziertes Modell, welches diese Komponenten betont.

Objektoriente Programme sind letzlich die Realisierungen hier diskutierter Grundmuster. Natürlich ist damit zunächst ein sehr weiter Rahmen abgesteckt, der zweckmäßigerweise gleich eingeschränkt wird. Dies erfolgt durch eine Orientierung auf Kategorien, im vorliegenden Fall auf die Unterscheidung der Hauptkomponenten von Anwendungen: Benutzungsoberfläche und Funktionskern. Der Funktionskern enthält die Ebenen der Aufgabenlogik sowie der Datenstrukturen und Daten. Anwendungen fassen wir unter dem Begriff Informationssystem zusammen.

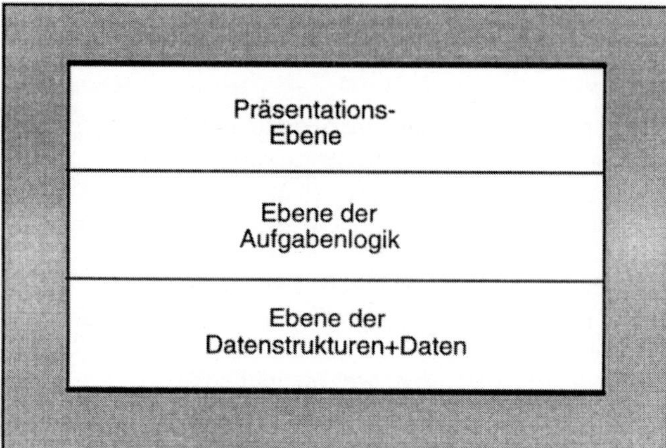

Abb.2.2 3-Ebenen-Modell

Mit den hergeleiteten Differenzierungen ergibt sich als Formel:

$$\text{Inf.-System} = \text{Benutzungsoberfläche} + \text{Funktionskern}$$

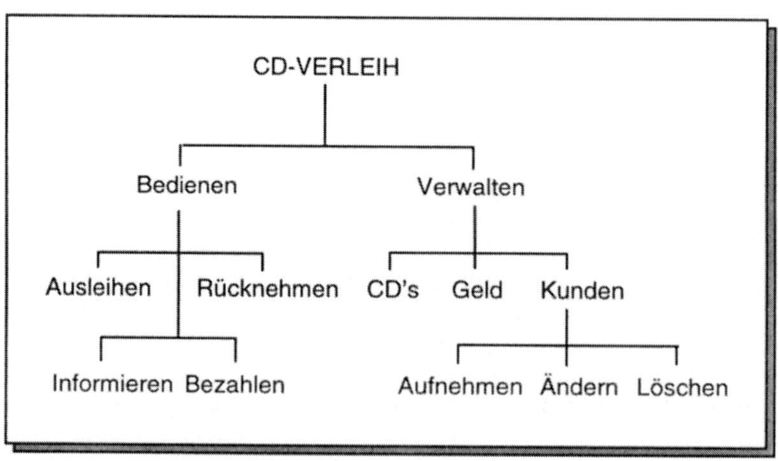

Abb 2.3 Funktionalität Beispiel

Orientierungsrahmen für die nun beginnende Erörterung ist das Beispiel eines Informationssystems zur Unterstützung der Geschäftsabläufe in kleinen Unternehmen wie z.B. dem CD-Verleih an der Ecke. Ausgangspunkt ist die Anforderung bezüglich der Funktionalität, die - zum Zwecke der Anschaulichkeit - als Funktionshierarchie dargestellt wird (Abb.2.3).

2.2 C++-Bausteine

Als eine Möglichkeit bausteinbasierter Programmentwicklung wird nun die Arbeit mit der

Entw.-Umgebung = Integrierte Entw.-Umgebung (Borland-IDE)
+ Object Windows Library   (OWL)
+ Resource Workshop

skizziert. Der Aufbau eines in dieser Umgebung entwickelten (Teil-)Programms, d.h. der Benutzungsoberfläche, entspricht folgendem Muster:

Schnittstelle   = Anwendungs-Rahmen
+ Bildschirmobjekte
+ Steuerobjekte.

Die Benutzungsoberfläche wird in diesem Schema aus Gründen der Verkürzung als Schnittstelle bezeichnet. Bildschirmobjekte sind auf dem Monitor sichtbare Elemente wie Menüs mit ihren Items, Buttons u.ä. Sie werden als vorgefertigte Bausteine über den Resource Workshop bereitgestellt. Bei der Arbeit mit dem Resource Workshop werden diese Elemente sichtbar gemacht. Der Entwickler einer Anwendung entwirft das Layout der Benutzungsoberfläche demnach mittels visueller Programmierung.

Die Bildschirmobjekte aus dem Resource Workshop sind weitestgehend ohne Funktionalität. Somit muss dem statischen Aufbau der Benutzungsoberfläche entsprechendes dynamisches Verhalten hinzugefügt werden. Dies erfolgt mit Hilfe von Steuerobjekten. Auf dem hier gewählten Niveau der Programmentwicklung wird auch in dieser Phase auf Bausteine zurückgegriffen. In diesem Fall finden wir Steuerobjekte in der Klassenbibliothek OWL vor.
In den anschließend aufgezeigten Beispielen wird nun in wesentlichen Schritten die Entwicklung einer Benutzungsoberfläche verfolgt.

SCHRITT 1: ERSTELLEN EINES HAUPTFENSTERS

Schritt 1 demonstriert die Einbindung einer Anwendung in den Baustein TApplication, der Bestandteil der Klassenbibliothek OWL ist. Daraus ergibt sich ein Rahmen, in den unser Programm eingebettet und damit bereits als komplette MS-Windows-Anwendung abarbeitbar wird. In der Terminologie von OWL entwickeln wir ein Anwendungsobjekt.

```
/*                                              */
/*              First Step                      */
/*                                              */

#include <applicat.h>
#include <framewin.h>

class CDV      : public TApplication
       {public  : CDV( )
               : TApplication( ) { }
                 void InitMainWindow( );
       };

void CDV     :: InitMainWindow( )
               {SetMainWindow (new TFrameWindow(0, "CD-VERLEIH"));}
```

Quelltext Schritt 1

Dazu gehört als Hauptprogramm die nachstehende Anweisungsfolge, die für die weiteren Schritte der Ausarbeitung des Beispiels unverändert bleibt.

```
int OwlMain(int /*argc*/, char* /*argv*/ [ ])
       {
         CDV CDVRUN;
         CDVRUN.Run( );
         return (0);
       }
```

Quelltext Hauptprogramm

SCHRITT 2: ERSTELLEN EINES FENSTEROBJEKTS (eigenständig)

Im ersten Schritt unserer Programmentwicklung wird ein Fenster erstellt, welches von dem Anwendungsrahmen erzeugt wird. Damit ist dieses Fenster mit dem Anwendungsobjekt, d.h. eigentlich mit dem Funktionskern unmittelbar verbunden. Eine so enge Kopplung ist an dieser Schnittstelle häufig nicht von Vorteil. Zwecks

Entkopplung wird deshalb jetzt ein Fenster erstellt, welches Komponente der Benutzungsoberfläche und somit eigenständig wird.

Die Klasse CDVWindow wird eingefügt, um mit einer Instanz davon unser Fenster erzeugen zu können. CDVWindow ist ein Derivat des Bausteins TFrameWindow, einer Klasse aus OWL. Auf diesem Wege werden alle wesentlichen Merkmale eines geeigneten Fensters in unserer Anwendung mit minimalem Aufwand verfügbar. Die Erzeugung des Hauptfensters muss nun noch der neuen Situation angepasst werden.

```
/*                                                      */
/*           Erstellen eines Fensters "Stand-Alone"     */
/*                                                      */

#include <applicat.h>
#include <framewin.h>

class CDV        : public TApplication
        {public  : CDV( )
                  : TApplication( ) { }
                    void InitMainWindow( );
        };
```

```
class CDVWindow        : public TFrameWindow
        {public        : CDVWindow(TWindow*, const char far*);
                         ~CDVWindow( );
        };
CDVWindow    :: CDVWindow(TWindow* parent, const char far* title)
               : TFrameWindow(parent, title)   { }
CDVWindow    ::~CDVWindow( )                    { }
```

```
CDVWindow* window;
void CDV :: InitMainWindow( )
```

```
    {
        window = new CDVWindow(0,"CD-VERLEIH");
        SetMainWindow (window);

    }
```

Quelltext Schritt 2

Mit dem Schritt 3 soll unsere Benutzungsoberfläche weiterentwickelt werden zu einem Fenster, in welchem dem Benutzer ein Menü zwecks Bedienung der Anwendung dargeboten wird. Die Weiterführung des Beispiels erfolgt in zwei Teilschritten.

Ein Menü wurde bereits als Bildschirmobjekt eingeordnet. Das Layout des Menüs wird, wie ebenfalls bereits angedeutet, mit Hilfe des Resource Workshop erarbeitet. Das Ergebnis wird als Ressource unter dem Namen „MENU_1" in unserem Projekt abgelegt. Der erste Teilschritt des nun vorliegenden Programms beschreibt die Verbindung zwischen dem Quelltext und dem Bildschirmobjekt, d.h. das Menü wird mittels AssignMenu ins Fenster geladen.

```
/*                                                    */
/*       Erstellen eines Fensters mit Menu            */
/*                                                    */
#include <applicat.h>
#include <framewin.h>

class CDV        : public TApplication
        {public  : CDV( )
                 : TApplication( ){ }
                   void InitMainWindow( );
        };
class CDVWindow        : public TFrameWindow
        {public          : CDVWindow(TWindow*, const char far*);
                           ~CDVWindow( );
        };
CDVWindow    :: CDVWindow(TWindow*, const char far*)
                 : TFrameWindow(parent, title)   { }
CDVWindow    ::~CDVWindow( )                      { }

CDVWindow* window;
void CDV :: InitMainWindow( )
        {
            window = new CDVWindow(0,"CD-VERLEIH"),
            SetMainWindow(window);


            GetMainWindow( )->AssignMenu("MENU_1");


        }
```

Quelltext Schritt 3(1) Fensterobjekt plus Menu

Im zweiten Teil des Schrittes 3 wird dann die statische Komponente 'Bildschirmobjekt Menü' mit Verhalten ausgerüstet. Das bedeutet die Verbindung des Bildschirmobjekts mit entsprechenden Steuerobjekten, um anwendungsspezifische Funktionalität hinzufügen zu können. Das Prinzip dabei ist, mit den einzelnen Menü-Items Methoden zur Bearbeitung von Botschaften zu verknüpfen. Die Botschaften werden als Ergebnis der Auswertung von Ereignissen erzeugt. Ereignisse sind z.B. Mausklicks, die auch in unserem Fall zur Auswahl im Menü unterstellt werden.

```
/*                                                          */
/*        Erstellen eines Fensters mit Menu                 */
/*        Funktionalität der Menu-Items                     */
/*                                                          */
#include <applicat.h>
#include <framewin.h>

#define CM_HAUPTFKTENBEDIENEN 101
#define CM_HAUPTFKTENVERWALTEN        102
#define CM_HILFEABOUT                 103

class CDV          : public TApplication
       {public  : CDV( )
                    : TApplication( ){ }
                      void InitMainWindow( );
        };

class CDVWindow          : public TWindow
       {public            : CDVWindow(TWindow*, const char far*);
                            ~CDVWindow( );
                            void CmHAUPTFKTENBedienen( );
                            void CmHAUPTFKTENVerwalten( );
                            void CmHILFEAbout( );
                            DECLARE_RESPONSE_TABLE(CDVWindow);
        };
```

```
DEFINE_RESPONSE_TABLE1(CDVWindow, TFrameWindow)
  EV_COMMAND(CM_HAUPTFKTENBEDIENEN, CmHAUPTFKTENBedienen),
  EV_COMMAND(CM_HAUPT...VERWALTEN, CmHAUPTFKTENVerwalten),
  EV_COMMAND(CM_HILFEABOUT, CmHILFEAbout),
END_RESPONSE_TABLE;
```

```
CDVWindow     :: CDVWindow(TWindow* parent, const char far* title)
                 : TFrameWindow(parent, title)   { }
CDVWindow     ::~CDVWindow( )                     { }
```

Quelltext Schritt 3(2) Fensterobjekt plus Menu plus Funktionalität

Die Beispielanwendung wird dazu in folgender Weise fortgeschrieben:

1. Bekanntgabe der Identifikatoren der Menü-Items (define)
2. Deklaration von Methoden zur Botschaftsbearbeitung in CDVWindow
3. Aufnahme einer Tabelle zur Verbindung zwischen Ereignissen und den o.a. Methoden
4. Definition der Methoden zur Botschaftsbearbeitung (die im erreichten Entwicklungsstand noch nichts tun).

Mit Blick auf den bisher erreichten Stand der Entwicklung unseres Beispiels CD-Verleih zeigt sich, dass nunmehr ein Hauptfenster mit folgendem Aufbau von der Anwendung erstellt wird.

Bild 2.3 Layout Hauptfenster

Im nächsten Schritt wollen wir exemplarisch einen weiteren Baustein der hier gewählten Entwicklungsumgebung, die Message-Box, verwenden. Dies auch, um das Vorgehen im Prinzip zu veranschaulichen. Wir nutzen diese Gelegenheit, eine unserer Botschaftsantwortfunktionen tatsächlich reagieren zu lassen, in dem Fall die Message-Box anzuzeigen.

SCHRITT 4: FENSTEROBJEKT PLUS MESSAGE-BOX

```
/*                                                     */
/*          Funktionalität der Menu-Items              */
/*                                                     */
#include <applicat.h>
#include <framewin.h>

#define CM_HAUPTFKTENBEDIENEN 101
#define CM_HAUPTFKTENVERWALTEN 102
#define CM_HILFEABOUT                    103

class CDV        : public TApplication
      {
               ...
      };
class CDVWindow : public TFrameWindow
      {public : CDVWindow(TWindow*, const char far*);
               ~CDVWindow( );
               void CmHAUPTFKTENBedienen( );
               void CmHAUPTFKTENVerwalten( );
               void CmHILFEAbout( );
               DECLARE_RESPONSE_TABLE(CDVWindow);
      };
```

*** Fortsetzung ***

```
DEFINE_RESPONSE_TABLE1(CDVWindow, TFrameWindow)
...
END_RESPONSE_TABLE;
...
void CDVWindow::CmHAUPTFKTENBedienen( )         { }
void CDVWindow::CmHAUPTFKTENVerwalten( )        { }
```

```
void CDVWindow::CmHILFEAbout( )
            {
               MessageBox ("     Copyright 1996",
                        "HIFI - CD-VERLEIH", MB_OK);
            }
```

... wie zuvor

Quelltext Funktionalität von Menü-Items

Mit den nun herausgearbeiteten Prinzipien der Verwendung von Bausteinen im Rahmen der unterlegten Umgebung wird die Skizze für die Beispielanwendung jetzt vervollständigt. Dazu werden das Erzeugen eines Folgefensters und ein Dialogfenster zur Übernahme von Daten ins Informationssystem mit aufgenommen.

```
/*                                                  */
/*            Erstellen eines Haupt-Fensters        */
/*            Erzeugen Folge-Fenster                */
/*                                                  */
#include <applicat.h>
#include <framewin.h>

#define CM_HAUPTFKTENBEDIENEN 101
#define CM_HAUPTFKTENVERWALTEN      102
#define CM_HILFEABOUT               103
#define CM_AUSLEIHENAUSGEBEN        201
#define CM_AUSLEIHENRUECKNEHMEN     202
#define CM_AUSLEIHENVORMERKEN       203
#define CM_INFORMIERENTITEL         204
#define CM_INFORMIERENPREISE        205
#define CM_BEZAHLENCASH             206
#define CM_BEZAHLENSCHECK           207
#define CM_HILFEBEDIEN              208

class CDV       : public TApplication
        {public  : CDV( )
                ...
        };
```

```
                           ***  Fortsetzung  ***

class  CDVWindow      : public TFrameWindow
       {public          : CDVWindow(TWindow*, const char far*);
                         ~CDVWindow( );
                         void CmHAUPTFKTENBedienen( );
                         void CmHAUPTFKTENVerwalten( );
                         void CmHILFEAbout( );
                         void CmAUSLEIHENAusgeben( );
                         void CmAUSLEIHENRuecknehmen( );
                         void CmBEZAHLENCash( );
                         DECLARE_RESPONSE_TABLE(CDVWindow);
       };
DEFINE_RESPONSE_TABLE1(CDVWindow, TFrameWindow)
  EV_COMMAND(CM_HAUPTFKTENBEDIENEN, CmHAUPTFKTENBedienen),
  EV_COMMAND(CM_HAUPT...VERWALTEN, CmHAUPTFKTENVerwalten),
  EV_COMMAND(CM_HILFEABOUT, CmHILFEAbout),
  EV_COMMAND(CM_AUSLEIHENAUSGEBEN, CmAUSLEIHENAusgeben),
  EV_COMMAND(CM_AUSL...RUECKNEHMEN, CmAUSL...Ruecknehmen),
  EV_COMMAND(CM_BEZAHLENCASH, CmBEZAHLENCash),
END_RESPONSE_TABLE;

CDVWindow   :: CDVWindow(TWindow* parent, const char far* title)
                 : TFrameWindow(parent, title)   { }
CDVWindow   :: ~CDVWindow( )                      { }
```

```
CDVWindow* bwindow;
void CDVWindow::CmHAUPTFKTENBedienen( )
            {
                bwindow = new CDVWindow(0,"BEDIENEN");
                bwindow ->Create( );
                bwindow ->AssignMenu("BEDIEN");
                bwindow ->Show(SW_SHOWNORMAL);
            }
```

```
void CDVWindow::CmHAUPTFKTENVerwalten( )        { }
void CDVWindow::CmHILFEAbout( )                 { //messagebox }
void CDVWindow::CmAUSLEIHENAusgeben( )          { }
void CDVWindow::CmAUSLEIHENRuecknehmen( )       { }
void CDVWindow::CmBEZAHLENCash( )               { }

CDVWindow* window;
void CDV :: InitMainWindow( )
            {
                window = new CDVWindow(0,"CD-VERLEIH");
                SetMainWindow (window);
                GetMainWindow( )->AssignMenu("MENU_1");
            }
```

Quelltext Erzeugen Folgefenster

Im Hauptfenster befinden sich unter dem Menü HAUPTFKTEN die Einträge BEDIE-NEN und VERWALTEN. Beim Anklicken des ersten Items wird die (eingerahmte) Botschaftsbearbeitungsfunktion aufgerufen. Das führt zum Erzeugen des Folgefens-ters, welches folgenden Aufbau hat.

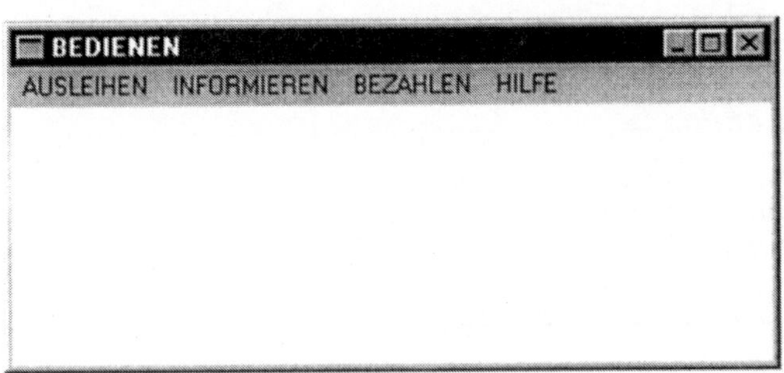

Bild 2.4 Layout des Folgefensters

Im abschließenden Schritt wird der Quelltext um die Anweisungen zur Bereitstellung des Dialogfensters ergänzt. Die erforderlichen define-Anweisungen wurden nun in eine Datei cdv.rh ausgelagert. Abbildung 2.5 zeigt das Muster für unsere Dialogfenster. Die Klassen für alle Fenster müssen im Programm nicht explizit erscheinen. Wir hoffen jedoch, damit die Übersicht zu verbessern.

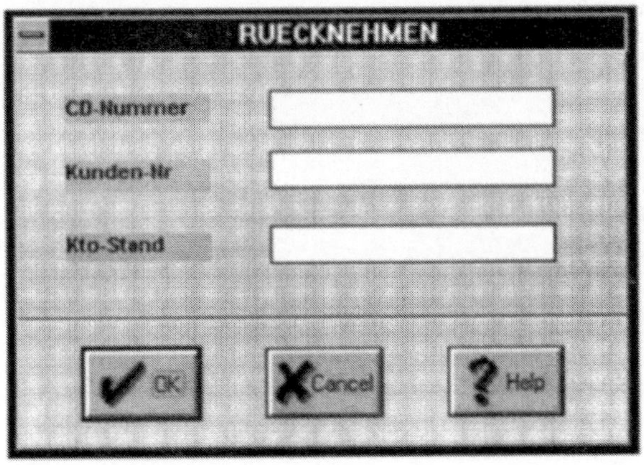

Bild 2.5 Layout Dialogfenster

```
/*                                                          */
/*              Erzeugen Dialog-Fenster                     */
/*                                                          */
#include <applicat.h>
#include <framewin.h>
#include <dialog.h>
#include "cdv.rh"

class CDV        : public TApplication
        {public  : CDV( )              ...               };


class CDDialog : public TDialog
        {public  : CDDialog(TWindow*, TResId);        };
CDDialog         ::CDDialog(TWindow* parent, TResId resid)
                 :TDialog (parent, resid)                  { }


class CDVWindow : public TFrameWindow            { //wie bisher };

CDVWindow :: CDVWindow(TWindow* parent, const char far* title)
           : TFrameWindow(parent, title)      { }
CDVWindow :: ~CDVWindow( )                     { }
DEFINE_RESPONSE_TABLE1(CDVWindow, TWindow)
  ...
END_RESPONSE_TABLE;
CDVWindow* bwindow;
void CDVWindow::CmHAUPTFKTENBedienen( )
                {
                  // wie bisher
                }

void CDVWindow::CmHAUPTFKTENVerwalten( )        { }
void CDVWindow::CmHILFEAbout( )                 { //messagebox }
void CDVWindow::CmAUSLEIHENAusgeben( )          { }


CDDialog* kdialog;
void CDVWindow::CmAUSLEIHENRuecknehmen( )
                {
                  kdialog = new CDDialog(this, "RUECKN");
                  kdialog ->Execute( );
                }


void CDVWindow::CmBEZAHLENCash( )              { }

***  weiter wie bisher  ***
```

Quelltext Dialogfenster

2.3 Motif-Bausteine

Die Tragfähigkeit des Konzepts Baustein wird an dieser Stelle dadurch belegt, dass nun die angenommene Plattform für Entwicklung und Anwendung wechselt.

Entwicklungs-Umgebung = Motif-Umgebung
mit   Xlib
+ Xt
+ Xm

Es handelt sich hier um eine Zusammenstellung von Klassen- bzw. Widget-Bibliotheken. Diese bilden Schichten, wie in der Abbildung 2.6 schematisiert ist.

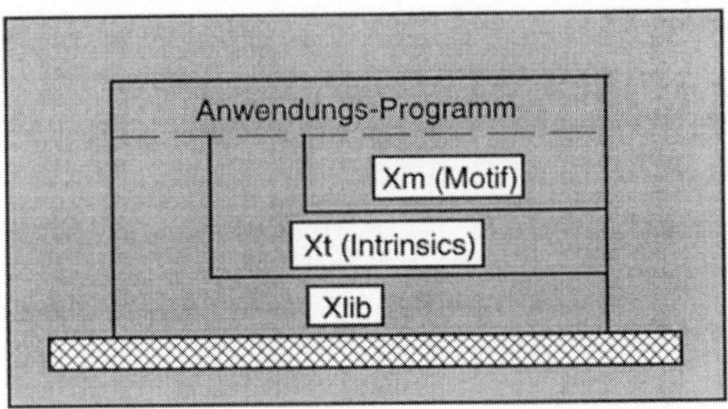

Abb.2.6 Schichten der Bausteine

Xlib steht als Kurzbezeichnung für die Bibliothek der Bausteine des Fensterverwaltungssystems X-Windows, welches für das UNIX-Betriebssystem entwickelt worden ist. Der technische Name dafür ist X11. Hier sind elementare Funktionen zu Aufbau und Verwaltung von Fenstern in Anwendungen zusammengefasst.
Xt ist die Zusammenstellung der Klassen, die Interna der Fensterverwaltung kapseln.
Xm verweist auf die von Motif bereitgestellten Widgets. Dies sind ebenfalls Klassen, die hauptsächlich vorgefertigte Bausteine für die Gestaltung des Layouts darstellen.
Die in diesen Bibliotheken bereitgestellten Bausteine werden mittels einer entsprechenden Programmiersprache in ein Programm eingefügt.

Wiedererkennen des im vorhergehenden Abschnitt am Beispiel demonstrierten Einsatzes von Bausteinen bei der Softwareentwicklung zu ermöglichen, ist jetzt die Zielsetzung, wenn erneut Quelltext gezeigt wird. Dazu das wird Beispiel der Gestaltung einer Benutzungsoberfläche, allerdings mit Beschränkung auf wenige Elemente, wiederholt. Somit rückt ins Zentrum der Betrachtung der Abschnitt des Quelltextes zum Erzeugen des Layouts für unser Hauptfenster. Und hier finden wir wieder die Anweisungen zum Einfügen von Bausteinen in unser Fenster. Bei diesen handelt es sich, wie oben bereits angesprochen, um Widgets des Programmpakets Motif.

```
/*                                                      */
/*                    Motif-Beispiel                    */
/*                                                      */

#include <Xm/MainW.h>

Widget  cdvShell,
        mainwin,
        menuel,
        workwin;
Arg     args[16];

void InitMainWin( );
void InitMenu( );
void InitWorkWin( );

void InitMainWin( )
{
  mainwin = XmCreateMainWindow(cdvShell, "CD-VERLEIH", NULL, 0);
  XtManageChild(mainwin);

  ...
  XtSetArg(args[0], ...);
  XtSetArg(args[1], ...);
  XtGetValues(mainwin, args, 2);
}
```

Quelltext Erstellen Hauptfenster

```
void InitMenu( )
{
  Widget hptfkt,
         menu1,
         item11,
         item12;
  menuel = XmCreateMenuBar(mainwin, "HAUPT-MENU", NULL, 0);
  XtManageChild(menuel);
  hptfkt = XmCreateCascadeButton(menuel, "HPTFKT", NULL, 0);
  XtManageChild(hptfkt);
```

Fortsetzung Quelltext

```
menu1 = XmCreatePulldownMenu(menuel, "HAUPT", NULL, 0);
item11= XmCreatePushButton(menu1, "HAUPT_BEDIENEN", NULL, 0);
XtManageChild(item11);
item12= XmCreatePushButton(menu1, "HAUPT_VERWALTEN", NULL, 0);
XtManageChild(item12);
...
XtCallbackProc bedienenCB, verwaltenCB;
XtAddCallback(item11, XmNactivateCallback, bedienenCB, "BEDIENEN");
XtAddCallback(item12, XmNactivateCallback, verwaltenCB, "VERWALTEN");
}

void InitWorkWin( )       { }
```

Quelltext Layout Haupt-Fenster

```
void main(int argc, char* argv[ ])
{
 cdvShell = XtInitialize(argv[0], "CDV", NULL, 0, &argc, argv);
 InitMainWin( );
 InitMenu( );
 InitWorkWin( );
 XmMainWindowSetAreas(mainwin, menuel, NULL, NULL, NULL, workwin);
 XtRealizeWidget(cdvShell);
 XtMainLoop( );
}
```

Quelltext Hauptprogramm

Verwendung von vorgefertigten Bausteinen zur Entwicklung neuer Software ist, das lässt sich mit den bisher hier abgeleiteten Ergebnissen bereits erkennen, nicht an eine bestimmte Umgebung gebunden. Vielmehr hat dieses Konzept Bestand über Plattformen hinweg, es wird somit zu einem allgemein gültigen Prinzip des Aufbaus auch von Software.

2.4 Entwurfsmuster

Die Handhabung von Bausteinen erfolgt bei der Entwicklung von Software nicht nur an genau einer festgeschriebenen Stelle, sondern ist in unterschiedlichen Stadien der Erarbeitung möglich. Dabei ist die Ableitung des Phasenmodells für die Computeranwendung keineswegs einzigartig, sondern mit dem Problemlösungsprozess in anderen Bereichen durchaus vergleichbar. Ausgangspunkt ist auch in unserem Falle ein Problem. Um es lösen zu können, wird eine Aufgabe formuliert bzw. spezifiziert und diese dann in eine Lösung überführt. Der Schritt von der Aufgabenstellung zum fertigen Endprodukt ist i.Allg. zu groß, um direkt getan werden zu können. Deshalb werden Zwischenetappen erforderlich, die zu den Phasen der Softwareentwicklung führen. (Abbildung 2.7)

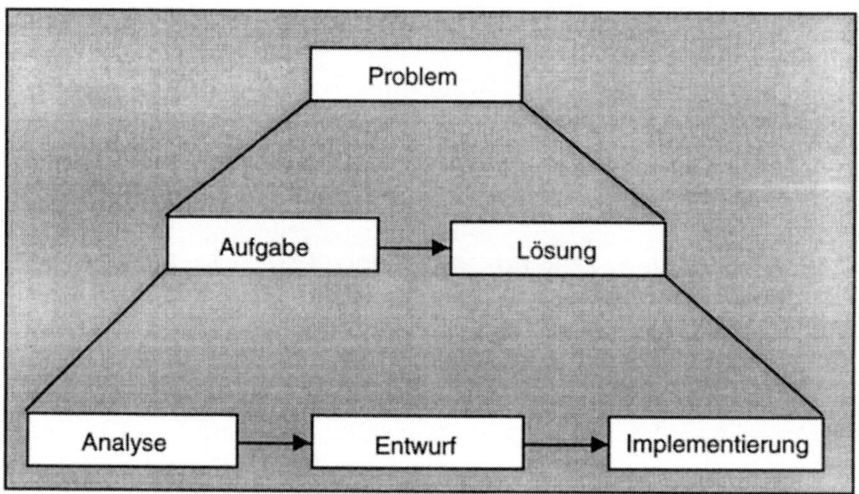

Abb.2.7 Ableitung Phasen

Ausführungen zu Bausteinen der Softwareentwicklung nehmen vorrangig Bezug auf die Phase der Implementierung. Demzufolge sind die angegebenen Beispiele auch hauptsächlich als Quelltext einer Programmiersprache notiert. Daraus darf jedoch nicht die Schlussfolgerung abgeleitet werden, die Verwendung von Bausteinen sei auf die Implementierung beschränkt. Vielmehr wird in wachsendem Umfang daran gearbeitet, auch Konzepte für Lösungen als Bausteine auszuformen und diese somit dem hier diskutierten Prinzip der Softwareentwicklung zugänglich zu machen. Um dieses zu untermauern, wird jetzt die Phase Entwurf etwas näher betrachtet. Die hauptsächliche Bausteinform in dieser Phase sind die Entwurfsmuster.

Entwurfsmuster   sind komplexe Bausteine für wiederholt auftretende Teilaufgaben in der Softwareentwicklung.

Wesentliche Prinzipien der Arbeit mit Entwurfsmustern sollen im Weiteren an einem Beispiel deutlich gemacht werden. Dazu wird auf die Aufgabe zurückgegriffen, einen Dokument-Editor mit dem Arbeitsprinzip WYSIWYG zu entwerfen. Ein Dokument soll sowohl Text als auch Grafik enthalten können. Aus der Gesamtaufgabe wird nun ein Segment herausgelöst und dieses hier weiter verfolgt. Die Teilaufgabe heißt, Realisierung eines Look & Feel, das an die jeweilige Plattform angepasst ist, auf welcher der Editor gerade ausgeführt wird. Dies bedeutet, der Entwurf soll entsprechende Oberflächen wie von Motif, CUA, Presentation Manager usw. vorsehen. Welche Oberfläche jeweils tatsächlich bereitzustellen ist, soll vom Editor selbst eingerichtet werden. Die daraus resultierende Entwurfsaufgabe wird mit der Abbildung 2.8 anschaulich gemacht.

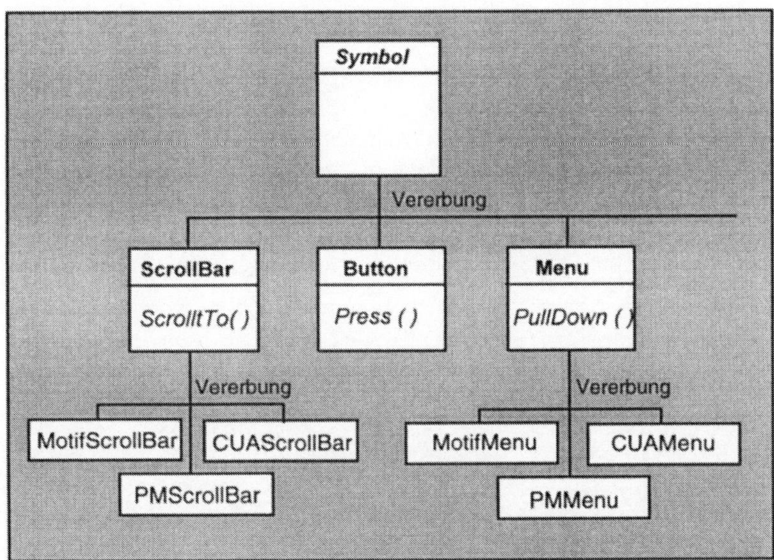

Abb.2.8 Look&Feel-Aufgabe

Symbol ist in der Darstellung bereits eine Verallgemeinerung der vom Editor auf dem Bildschirm präsentierten Elemente. Mit dieser Teilaufgabe verbunden ist nun folgendes Problem:

        ◆ die einzelnen Layout-Elemente müssen für jede Oberfläche vorgesehen werden

♦ diese Elemente sind in aller Regel als Bausteine in Widget-Bibliotheken o.ä. bereits vorhanden.

Die naheliegende Möglichkeit scheint zunächst die Abfrage vor Erstellung eines jeden Objekts, welche Realisierung erforderlich ist. Das ergäbe eine „feste Verdrahtung" der Art

```
ScrollBar* sb = new MotifScrollBar;
```

Gravierende Nachteile dabei sind, die Lösung ist wenig elegant und sehr anfällig für Fehler. Die weitaus bessere Möglichkeit ist

♦ Verallgemeinerung der Abfrage nach Look & Feel
♦ Abstraktion der Erstellung der Varianten.

Angedeutet beruht diese Lösung auf folgendem Prinzip:

```
GUIFactory* guiFactory = new MotifFactory;
ScrollBar* sb          = guiFactory -> CreateScrollBar();
```

Der wesentliche Gedanke besteht darin, eine „Produktion" von Bausteinen zu entwerfen und implementieren, welche auf die vorgefertigten Elemente in den Bibliotheken zurückgreift und die erforderlichen Komponenten zur Ausführungszeit in Abhängigkeit von der entsprechenden Plattform bereitstellt. Diese „Produktion" wird selbst mittels Bausteinen realisiert. Zielsetzung ist also das Erstellen von Familien zusammengehörender Objekte ohne Spezifikation ihrer konkreten Klassen. Dies führt Gamma u.a. (1993) zu dem Vorschlag einer Abstract Factory nach folgendem Muster.

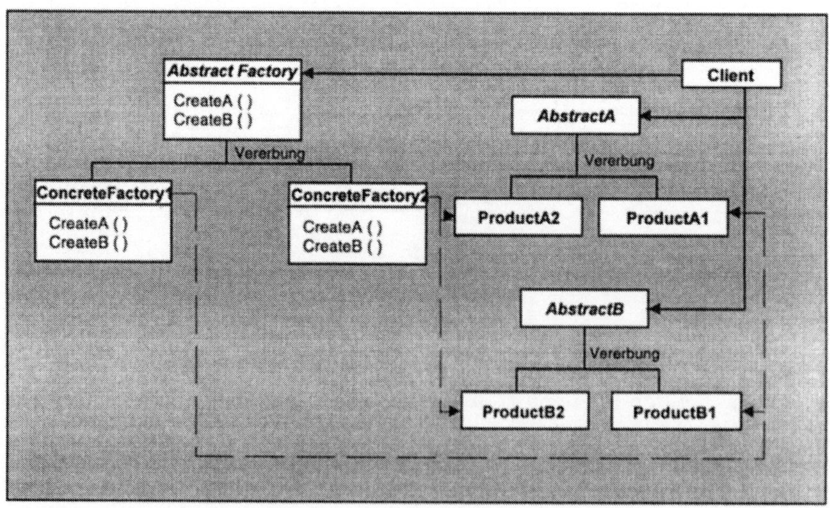

Abb.2.9 Schema Abstract Factory

Die Aufgaben werden unter den Komponenten folgendermaßen verteilt.

AbstractFactory	(Widget Factory) deklariert eine Schnittstelle mit Operationen zur Erzeugung von Objekten abstrakter Produkte
ConcreteFactory	(MotifWidgetFactory, PM..., ...) implementiert die Operationen zur Erstellung von Objekten konkreter Produkte
AbstractProduct	(Window, ScrollBar) deklariert eine Schnittstelle für einen Typ eines Produkt-Objekts
ConcreteProduct	(MotifWindow, MotifScrollBar) definiert ein Produkt-Objekt, welches durch die korrespondierende ConcreteFactory zu erstellen ist
Client	benutzt nur Schnittstellen, die durch Abstract Factory und AbstractProduct deklariert sind

Von den Entwicklern wird vorgeschlagen, dieses Muster anzuwenden, wenn

- ein System unabhängig davon sein soll, wie seine Produkte (Objekte) erstellt, zusammengesetzt und implementiert werden
- ein System konfiguriert werden soll mit einer von mehreren Objektfamilien (Produktfamilien)
- eine Objektfamilie entwickelt wurde, um zusammen benutzt zu werden. Als Objektfamilie wird eine Gruppe gesehen, in der eine abstrake Basisklasse ein Protokoll deklariert und die abgeleiteten Klassen über das einheitliche Protokoll der Basisklasse verfügen.
- eine Klassenbibliothek durch Schnittstellen statt durch Implementierung bereitgestellt werden soll.

Die Realisierung sieht vor, dass normalerweise eine Instanz einer ConcreteFactory-Klasse zur Laufzeit arbeitet. Diese erstellt Produkte (Objekte) mit einer spezifischen Implementation. Um andere Produkte zu erstellen, sollte der Client eine andere ConreteFactory benutzen. Die AbstractFactory verlagert die Erstellung von Produktobjekten auf die ConcreteFactory-Klassen. Eine Verallgemeinerung dieser Realisierung führt - in der jetzt betrachteten Phase -zu einem Entwurfsmuster. Dieses Muster, entwickelt von Gamma und seinen Kollgeen heißt **factory method** und wird nun - zwecks Erläuterung grundsätzlicher Aspekte von Entwurfsmustern - skizziert.

Zielsetzung bei diesem Entwurfsmuster ist die Definition einer Schnittstelle für die Erstellung eines Objekts. Dabei entscheiden die Subklassen, von welchen Klassen die Objekte jeweils zu bilden sind. Die Anwendung erfolgt zweckmäßigerweise, wenn

- ◆ eine Klasse nicht vorhersehen kann, von welcher Klasse Objekte zu erstellen sind
- ◆ eine Klasse es Subklassen überlassen soll zu entscheiden, welche Objekte zu erstellen sind
- ◆ Klassen die Verantwortlichkeit auf Subklassen delegieren und die Kenntnis über die Verantwortlichkeiten lokalisiert werden sollen.

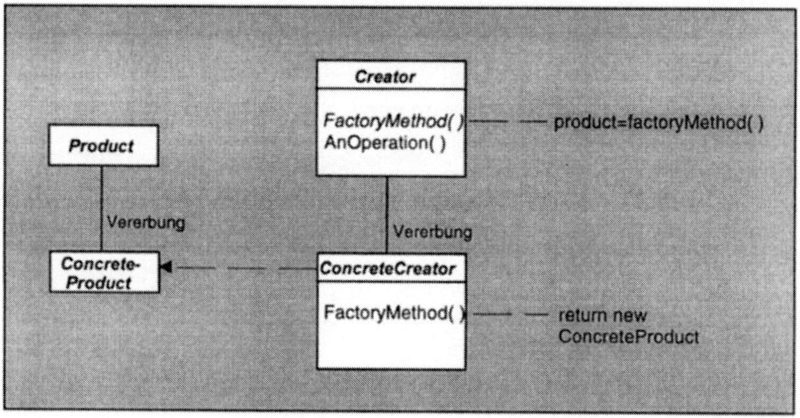

Abb.2.10 Entwurfsmuster Factory Method

Der **Creator** läßt seine Subklassen die Factory Method definieren, so dass er eine Instanz des richtigen ConcreteProduct erhält. Die Aufgabenverteilung ergibt sich in dem Muster entsprechend unserer Zusammenstellung.

Product	definiert die Schnittstelle der Objekte, die von Factory Method erstellt werden
ConcreteProduct	implementiert die Produktschnittstelle
Creator	(Anwendung)
	deklariert die Factory Method, welche ein Objekt vom Typ Product zurückgibt
	kann auch eine Default-Implementierung von Factory Method definieren, die ein Default-ConcreteProduct zurückgibt; kann Factory Method rufen, um ein Produkt-Objekt zu erstellen

Implementierung: Parametrisierte Factory-Methoden

```
/*                                                          */
/*        Pattern Factory Variante1                         */
/*                                                          */
        class Creator
                { public : virtual Product* Create(ProductId); };
        Product* Creator::Create (ProductId id)
                { if ( id ==MINE)          return new MyProduct;
                  if ( id == YOURS)        return new YoursProduct;
                  // repeat for remaining products
                  return 0;
                }
```

Quelltext Param. Factory-Methoden

Die Anwendung des Entwurfsmusters auf das Problem des Dokument-Editors ergibt
dann den in Abbildung 2.11 vorgestellen Ansatz.

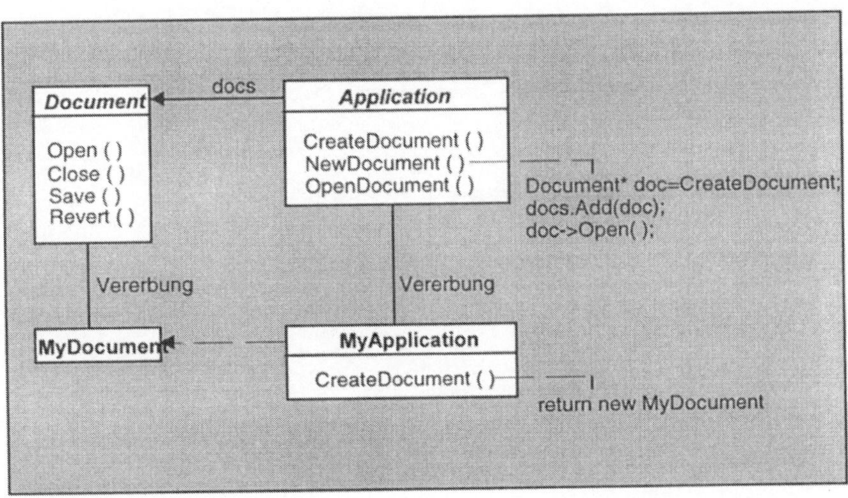

Abb.2.11 Entwurf Dok-Editor

Um die mit dem Entwurf verbundenen Überlegungen zu verdeutlichen, noch einige
Erläuterungen:

- Dies Framework ist verantwortlich für die Erstellung von Objekten.
- Die relevanten Objekte sind hier Dokumente unterschiedlichen Typs.
- Die Kern-Abstraktionen sind Application und Document.
- Die spezielle Document-Klasse, welche einzurichten ist, hängt von der zugehörigen Application-Klasse ab.
 D.h. der Application-Klasse ist nicht von vornherein bekannt, welche Document-Klasse einzurichten ist.
 Daraus ergibt sich folgender Konflikt:
  Das Framework muss konkrete Klassen einrichten, kennt aber nur die abstrakten Klassen, welche nicht instanziiert werden können.
- Jeweils eine Application ist zuständig für einen bestimmten Dokument-typ, z.B. DrawingApplication verwaltet DrawingDocument.

Für die Implementierung wählen wir hier folgende Möglichkeit.

```
/*                                                      */
/*        Factory Pattern: Variante 2                   */
/*                                                      */
class Creator
        { public : virtual Product* CreateProduct ( ) = 0;
        };

template <class TheProduct>
class StandardCreator : Public Creator
        { public : virtual Product* CreateProduct ( );
        };

template <class TheProduct>
Product* StandardCreator<TheProduct> :: CreateProduct ( )
        { return new TheProduct;}

class MyProduct : public Product
        { public : MyProduct ( );
                        // ...
        };

StandardCreator<MyProduct> MyCreator;
```

Quelltext Factory Pattern

Diese Muster nun auf das Problem Dokument-Editor angewandt, erfordert eine Anpassung vom Quelltext mit Übergängen folgender Art:

        - Creator   ⇒ Application
        - Product   ⇒ Document
        - ... .

```cpp
/*                                                                  */
/*         Anwendung Dokument-Editor                                */
/*                                                                  */
#include <iostream.h>
#include <typeinfo.h>
class Document          //Produkt-Klasse
       { public : virtual void Open( ) { };
                    virtual void Close( ) { };
                     virtual void meld1(Document*) { };
                        void Save( ) { };
                          void Revert( ) { };               };
class AbsApplication    //Creator-Klasse
       { public : virtual Document* CreateDocument( ) = 0; };
template <class TheDocument>
class StandardCreator : public AbsApplication
       { public :  virtual Document* CreateDocument ( );        };
template <class TheDocument>
Document* StandardCreator<TheDocument>::CreateDocument( )
                            { cout << "myCreator" << endl;
                            return new TheDocument;}
class TextDocument :           //ConcreteProduct-Klasse
          public Document
       { public : TextDocument( );
                   void meld1(Document*);
          //...                                              };
TextDocument::TextDocument( )
       { cout << "Konstruktor von TextDocument" << endl; }
void TextDocument::meld1(Document*)
       { cout << "TextDokument da" << endl;}
        void meld(Document* doc)
             { doc -> meld1(doc); }
class DrawDocument : public Document
       { public : DrawDocument( );
                   void meld1(Document*);
                   //...                                     };
DrawDocument::DrawDocument( )
       { cout << "Konstruktor von DrawDocument" << endl; }
void DrawDocument::meld1(Document*)
       { cout << "DrawDokument da" << endl; }
int main( )
       { cout << "Meldung" << endl;
         Document* TextDoc;
         StandardCreator<TextDocument> TextCreator;
         TextDoc = TextCreator.CreateDocument( );
         cout << typeid(TextDoc).name( ) << endl;
         TextDoc -> meld1(TextDoc);
         Document* DrawDoc;
         StandardCreator<DrawDocument> DrawCreator;
         DrawDoc = DrawCreator.CreateDocument( );
         DrawDoc -> meld1(DrawDoc);
         return 0;                                           }
```

Quelltext Dokument-Editor

Mit der abschließenden Skizze wird nunmehr veranschaulicht, wie das implementierte Entwurfsmuster prinzipiell funktioniert.

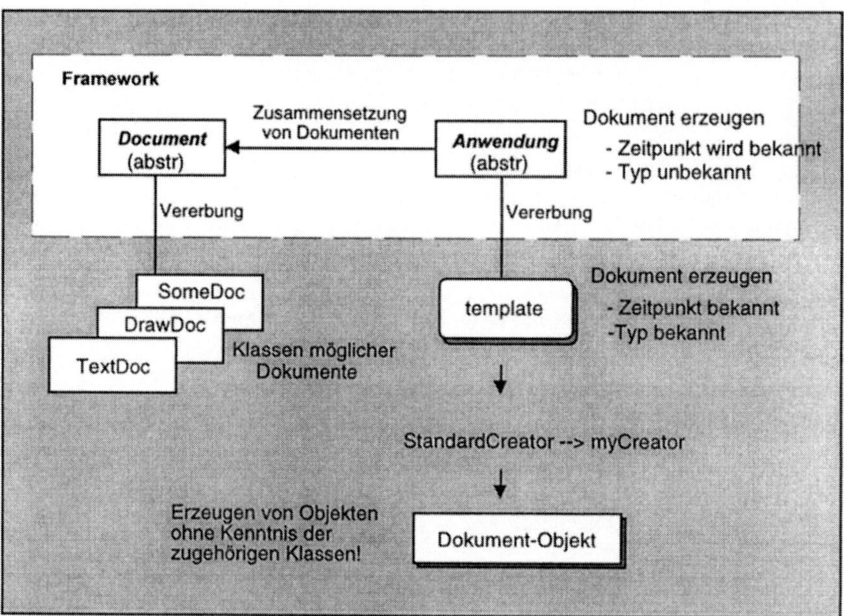

Abb.2.12 Funktionsweise Dok-Editor

Die Integration von GUIFactory in den Dokumenten-Editor erfolgt dann schließlich mit der Auswahl der jeweils relevanten Widget-Menge - zweckmäßigerweise im Hauptprogramm - und über die Anwendung dieser Widgets.

2.5 Modulare Architektur

Verwendung von Bausteinen bedeutet Modularisierung. Damit wird also ein wichtiges Prinzip des Software Engineering verwirklicht. Im Rahmen dieses Prinzips gibt es jedoch vielfältige Varianten, Module zu gestalten und zu einer Gesamtheit anzuordnen. Um diesen Problemkreis objektivieren zu können, werden Überlegungen zur Architektur von Softwareprodukten eingeführt.

ARCHITEKTUR ist die Einheit von Bausteinen und den strukturellen Beziehungen zwischen ihnen.

Für Informationssysteme als hier relevanten Produkttyp werden nunmehr solche Betrachtungen zu zweckmäßiger Architektur vorgenommen.

Informationssysteme sind in aller Regel interaktive Systeme, d.h. sie werden weitestgehend durch Aktionen eines Benutzers gesteuert. Die bisher vorgestellten Beispiele lassen erkennen, wie zweckmäßig es ist, bei der Gestaltung der Systeme diesem Umstand Rechnung zu tragen. Die Architektur folgt deshalb der Funktion der Informationssysteme. Auf der Grundlage des Einsatzes von typisierten Bausteinen und der Verallgemeinerung struktureller Beziehungen wird nun ein Architekturmodell hergeleitet.

Ausgangspunkt ist die bereits vorgenommene Zerlegung eines Informationssystems in die zwei komplexen „Bausteine" Funktionskern und Benutzungsoberfläche. Aufgegriffen wird weiter das MVC-Paradigma zur Anordnung von Bausteintypen in interaktiven Systemen. MVC steht für die typisierten Bausteine Model, View und Controller. Die grundlegende Anordnung dieser Komponenten im interaktiven System ist in Abbildung 2.13 wiedergegeben.

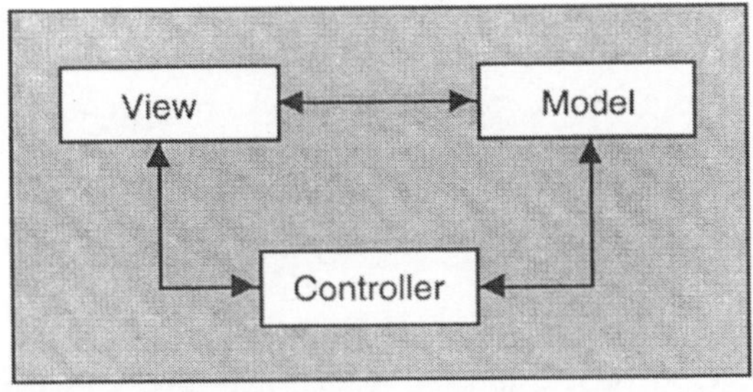

Abb.2.13 MVC-Architektur

Zur Weiterführung der Ableitung einer bausteinbasierten Architektur wird nun eine Zurodnung von Model, View und Controller zu den Komplexen Funktionskern und Benutzungsoberfläche vorgenommen (Abb. 2.14).

Mit der Zuordnung ergibt sich ein grundlegendes Schema für den Aufbau interaktiver Systeme. Die ursprünglich vorhandene Verbindung zwischen Model und View wurde - einem Vorschlag von Jaaksi (1995) mit Blick auf C++-Implementierung

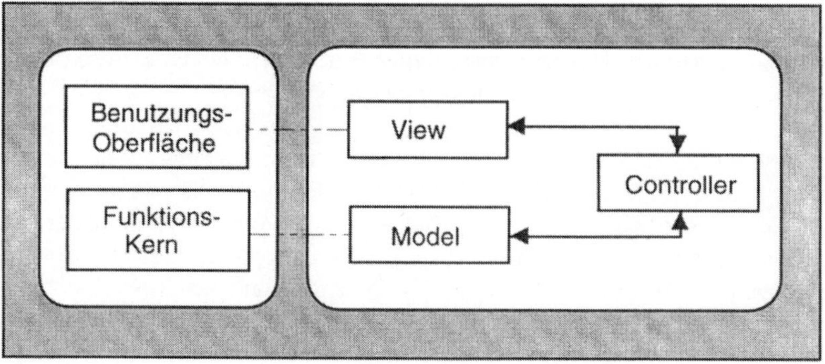

Abb.2.14 Architekturmodell

folgend - nicht einbezogen. Durch die Zuordnung wird nun auch anschaulich, welche Aufgaben den einzelnen Bausteintypen zukommen. Präzise formuliert sind dies:

MODEL	Modellierung der Objekte der relevanten Realität
VIEW	Modellierung der Elemente der Benutzungsoberfläche (Ausgabe des Informationssystems)
CONTROLLER	Programm-technische Verbindung zwischen Kern und Oberfläche (Eingabe des Benutzers bearbeiten)

Die prüfende Betrachtung des Ergebnisses zeigt, welche Vorteile mit der Ableitung eines solchen Architekturmodells verbunden sind.

Vorteile Architekturmodell

Generalisierung	des Aufbaus von Informationssystemen
Entkopplung	Oberfläche - Kern
Typisierung	von Bausteinen mit
	- Reduzierung der Komplexität
	- Wiederverwendung
	- Standardisierung

Die Übertragung des Architekturmodells auf Informationssysteme unter Berücksichtigung von Entwicklungsumgebungen führt im Fall von 'IDE + Resource Workshop + OWL' dann prinzipiell zu einer Aufteilung der Bausteine, wie sie in der Abbildung 2.15 vorgenommen wird.

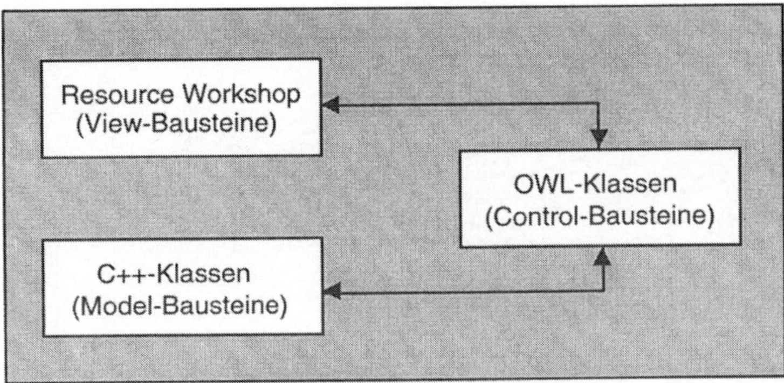

Abb.2.15 Bausteinverteilung

Die View-Bausteine sind - wie die anderen auch - aus Methoden zusammengesetzt, die als Komponenten der nächstniederen Ebene anzusehen sind. Ein View-Element enthält im allgemeinen Fall drei Arten von Methoden.

Methoden View-Baustein	
Feedback-Methode	Präsentation der Bildschirmelemente $\Rightarrow$ Standards
Manipulation-Meth.	Registration von Benutzeraktionen Aufruf Controller-Methode
Abfrage-Methode	Auskunft über View-Status für den Controller

Um die Vorteile des abgeleiteten Architekturmodells bestmöglich ausnutzen zu können, müssen einige Anforderungen besonders berücksichtigt werden. Es sei noch einmal daran erinnert, dass in einer View-Komponente die Aufrufe für Methoden in Controller-Komponenten platziert sind. Die View-Komponenten werden als Bausteine vorgefertigt. Zu diesem Zeitpunkt ist in aller Regel nicht bekannt, welche Controller-Komponenten - und dies können sehr viele und sehr verschiedene sein - die zugehörigen Ereignisse behandeln. Das heißt, ein direkter Aufruf der Art

$$object \; \text{-->} \; method(\,)$$

ist nicht möglich, da der Name von *object* die jeweilge Controller-Komponente angibt. Die Lösung des Problems erfolgt über die Einführung einer weiteren Klasse, die eine Schnittstelle zwischen View und unterschiedlichen Controllern einrichtet. Damit wird das Architekturmodell noch ein wenig verfeinert.

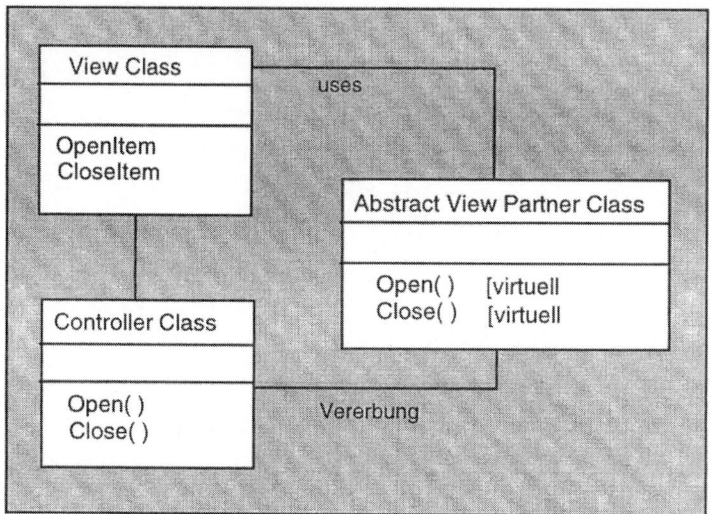

Abb.2.16 Schnittstelle View - Controller

Damit erfolgt eine weitere Modularisierung, eine Entkopplung von View und Controller und eine Erweiterung der Wiederverwendbarkeit. In der Abstract View Partner Class wird eine Schnittstelle definiert. Diese wird in dann der Controller-Klasse implementiert und durch einen indirekten Aufruf der Art

$$viewPartner \; \text{-->} \; open(\,)$$

aktiviert. So können View-Bausteine aus Bibliotheken in unterschiedliche Anwendungen eingebunden werden.

Der Grundgedanke für eine Dreiteilung wie eben behandelt wird mit dem Seeheim-Modell (1985) erarbeitet. Mit Arch (1992) wird diese Überlegung weiterentwickelt, vor allem hinsichtlich der Granularität der Komponenten und der Möglichkeiten wechselseitiger Beziehungen. Die Bausteine werden zu so genannten Agenten. Deren Merkmale sind:

◆ bestimmter Zustand

◆ gewisse Kenntnis

◆ Ereignisse erzeugen und auf sie reagieren können.

Die MVC-Konstruktion ist eine Realiserung des Architekturmodells Arch. Dieses ist als Referenzmodell eine Gemeinschaftsarbeit verschiedener Entwickler von Werkzeugen zum Entwurf von Benutzungsoberflächen.

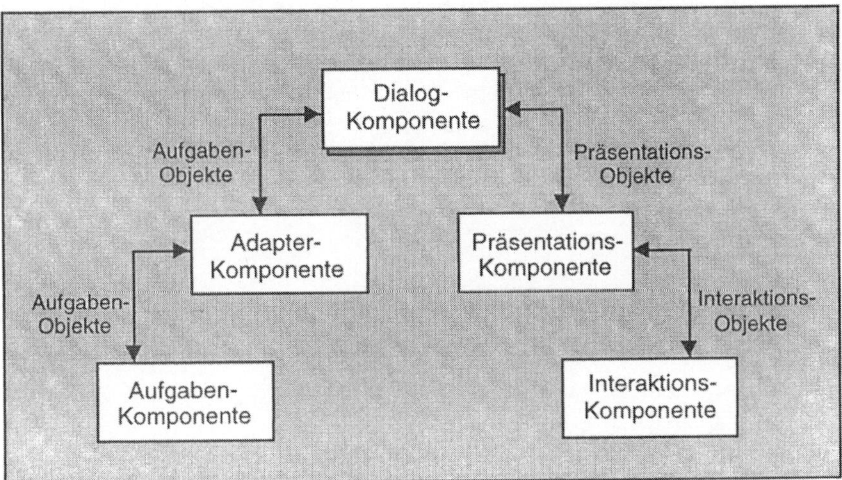

Abb.2.17   Arch-Modell

Werden die Verbindungslinien nicht abgewinkelt, sondern gekrümmt ausgeführt, ergibt die Darstellung die Form eines (Tor-)Bogens. Daher rührt die Bezeichnung für dieses Modell. Orientierung bei der Herausbildung war für die Entwickler zunächst eine Liste von Zielsetzungen für den Entwurf von interaktiven Systemen. Folgende Kriterien wurden als relevant eingeordnet:

◆ Leistungsfähigkeit der Anwendung

◆ Erfüllung funktionaler Anforderungen

◆ Qualität der Benutzungsoberfläche

◆ Wiederverwendbarkeit

◆ Produktivität der Entwicklungs-Tools

◆ Pufferung von Veränderungen

◆ Konzeptuelle Einfachheit

◆ Komplexität der Spezifikation

- ◆ Komplexität der Dialog-Anforderungen
- ◆ Komplexität der Datenstrukturen
- ◆ Kompatibilität
- ◆ ...

Auch hier zeigt sich wieder, dass Entwurfskriterien sich mitunter wechselseitig behindern. So soll das Arch-Modell hinreichend Flexibilität bieten, um nach der Entscheidung für die vorrangigen Kriterien durch den Softwareentwickler eine Verschiebung auf diese Schwerpunkte zu ermöglichen. Dies wird erreicht durch eine spezifische Ausprägung einzelner Komplexe des Modells je nach Entwicklungsanforderung. Insgesamt wird die Absicht erkennbar, durch Ableitung relativ unabhängiger Funktionskomplexe und adäquater Implementierung einen Rahmen für den modularen Aufbau von Benutzungsoberflächen abzustecken. Dieser bleibt flexibel genug, um spezifischen Anforderungen durch Anpassung genügen zu können.

Kapitel 3

Bausteine und Bausteinsysteme

3.1 Komponenten

Die Konzepte objektorientierter Sprachen geben bereits Anhaltspunkte zu ordnender Betrachtung der Möglichkeiten für das Ausformen von Bausteinen zur Erarbeitung von Programmen. Die Polymorphie ist ein solches Konzept und für den soeben angesprochenen Zweck gut geeignet.

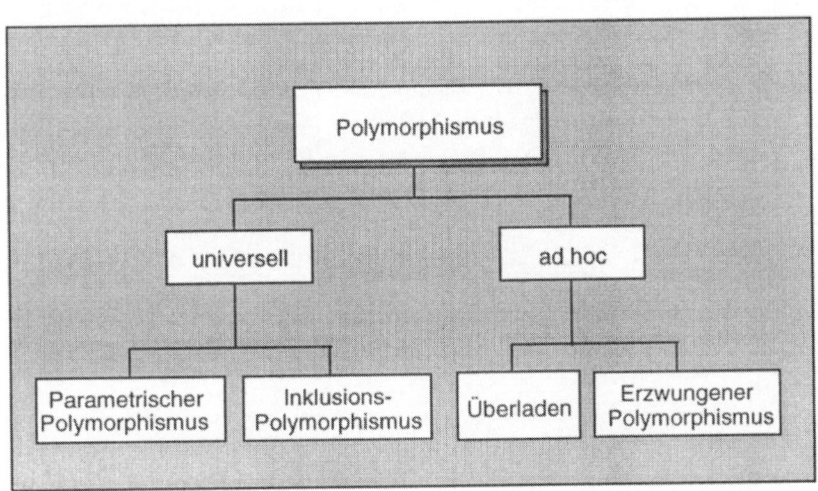

Abb.3.1 Übersicht Polymorphismus

Erzwungener Polymorphismus oder auch Coercion liegt vor, wenn unterschiedliche Datentypen in einer Operation die Umwandlung eines Operanden erforderlich machen. Das Überladen erlaubt die Verwendung gleicher Namen für Funktionen mit unterschiedlichen Schnittstellen.
Die Formen des universellen Polymorphismus führen zu zwei Grundmustern der Verwendung von Bausteinen auf der Sprachebene.
Parametrischer Polymorphismus bedeutet, eine Softwarekomponente mit Typen zu parametrisieren. Dies führt zu generischen Komponenten, deren Realisierung i.Allg. als Templates erfolgt.

Die Bezeichnung Inklusion verweist auf das Konzept des Einschließens einer Komponente in eine andere. Auch hier werden Operationen für die Arbeit mit unterschiedlichen Typen ausgeformt. Inklusiv beschränkt entsprechende Funktionen jedoch auf den Umgang mit Subtypen. Die Realisierung dieses Konzepts ergibt die Vererbung.

Parametrischer und Inklusions-Polymorphismus bringen also zwei grundlegende Formen von Bausteinen auf der Sprachebene mit sich: den erweiterbaren und den generischen Typ. Der erweiterbare Typ wird über das Konstruktionsprinzip Vererbung eingesetzt, der generische in Form von Templates (für Klassen).

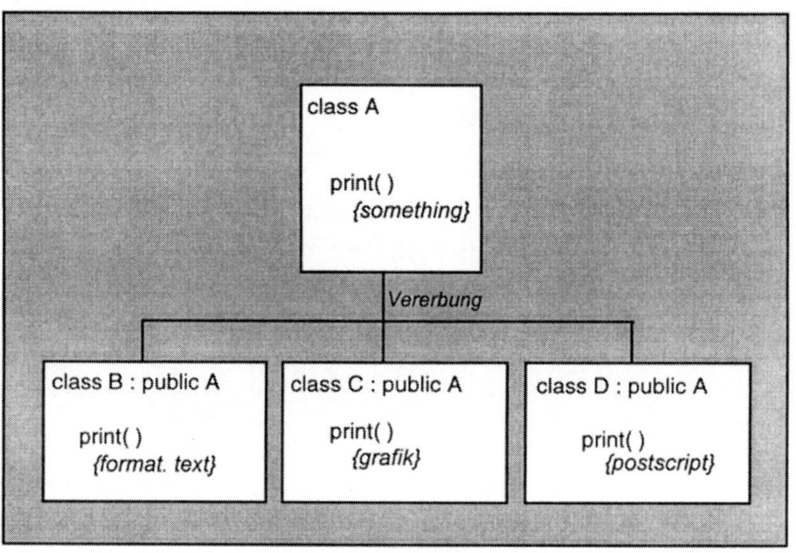

Abb.3.2 Vererbungsprinzip

Klasse A ist als erweiterbarer Baustein angelegt. Erweitert wird in unserer Skizze die Druckfunktion in den abgeleiteten Klassen B, C und D. Diese werden zusammengesetzt aus der Basiskomponente Klasse A und der jeweiligen Erweiterung Klasse i.

Klassentemplates werden häufig auch als parametrisierte Datentypen bezeichnet. Dies soll zum Ausdruck bringen, dass bei diesem Konzept Datenstrukturen erarbeitet werden können, deren Elementetyp als Parameter bereitgestellt und die entsprechende Datenstruktur dann erzeugt wird. Zur Veranschaulichung wird hier ein Beispiel von Eisenecker (1996) übernommen (s. Quelltext Klassentemplates).

```cpp
template<class Typ>
class Werte10x10
     { public : typedef Typ typ;
             Werte10x10(unsigned ze,unsigned sp);
             unsigned Zeilen( ) const                   {return z;}
             unsigned Spalten( ) const                  {return s;}
             Typ Wert(unsigned i,unsigned j) const {return w[i][j];}
             Typ& Wert(unsigned i,unsigned j)           {return w[i][j];}
        private: unsigned z,s;
             Typ w[10][10];
     };
template <class Werte>
class Matrix
     { public : Matrix(unsigned ze, unsigned sp)
             : werte(ze,sp)  { };
             Werte::typ Wert(unsigned i,unsigned j) const  {return werte.Wert(i,j);}
             Werte::typ& Wert(unsigned i,unsigned j)        {return werte.Wert(i,j);}
             unsigned Zeilen( )const                   {return werte.Zeilen( );}
             unsigned Spalten( ) const                 {return werte.Spalten( );}
             Matrix<Werte> operator*(const Matrix<Werte>& m) const;
        private: Werte werte;
     };
template<class Werte>
Matrix<Werte> Matrix<Werte>::operator*(const Matrix<Werte>& m) const
                     {Matrix<Werte> ergebnis(Zeilen( ),m.Spalten( ));
                      for (unsigned i=0; i<Zeilen( ); i++)
                       for (unsigned j=0; j<m.Spalten( ); j++)
                        for (unsigned k=0; k<Spalten( ); k++)
                           ergebnis.Wert(i,j) += Wert(i,k)* m.Wert(k,j);
                       return ergebnis;
                     }
template <class Typ>
Werte10x10<Typ>::Werte10x10(unsigned ze,unsigned sp)
                 :z(ze),s(sp)
                    {for (unsigned i=0; i<Zeilen( ); i++)
                      for (unsigned j=0; j<Spalten( ); j++)
                        Wert(i,j)=0.0;
                    }
/*                                                       */
/*                    Anwendungs-Skizze                  */
/*                                                       */
#include <iostream.h>
int main( )
     { Matrix<Werte10x10<double> > matrix1(3,2);
       Matrix<Werte10x10<double> > matrix2(3,2);
       for(int i=0; i<3; i++)
            for(int j=0; j<2; j++)
                  { matrix1.Wert(i,j)=i+1;
                    matrix2.Wert(i,j)=i+2;
                    cout << matrix1.Wert(i,j) << '\t';
                    cout << matrix2.Wert(i,j) << '\t';              }
       return 0;
     }
```

Quelltext Klassentemplates

Die Entwicklung bausteinbasierter Software bringt somit an dieser Stelle unmittelbar die Frage hervor, welcher Bausteintyp dafür vorteilhaft ist. Dies kann wie in vergleichbaren Fällen nicht generell entschieden, sondern muss jeweils mit einer Fallstudie hinterfragt werden. Und genau in diesen Kontext ist das o.a. Beispiel eingebettet. Als Ausgangspunkt wählt Eisenecker eine Klasse für Matrizen, deren Elemente als Memberdaten realisiert sind. Dies bringt Beschränkung der Wiederverwendbarkeit mit sich. Die Überlegung zum Überwinden dieser Nachteile führt zunächst zu einem Vererbungsproblem nach der Vorlage des Entwurfsmusters Bridge, um Matrixfunktionen und zugehörige Elemente zu entkoppeln. Die elegantere Lösung ist nun aber in der Regel der Weg über Klassentemplates, wie ihn Eisenecker entwickelt.

3.2 Klassenbibliotheken

Wie die Bezeichnung deutlich macht, handelt es sich um Ansammlungen von Bausteinen des Typs Klasse. Im Folgenden werden wesentliche Merkmale von Klassenbibliotheken herausgestellt. Als Beispiel zum Zwecke der Anschaulichkeit wird in diesem Fall auf die Biliothek in ET++ Bezug genommen (vgl. Gamma 1992). Welche Komponenten die dort verwendete Klassenbibliothek umfasst, zeigt die Abbildung 3.3. Es sind Gruppen von Klassen enthalten, die typisch und solche die spezifisch sind. Als Besonderheit ist anzusehen, dass in der hier referenzierten Bibliothek auch Frameworkklassen eingearbeitet sind.

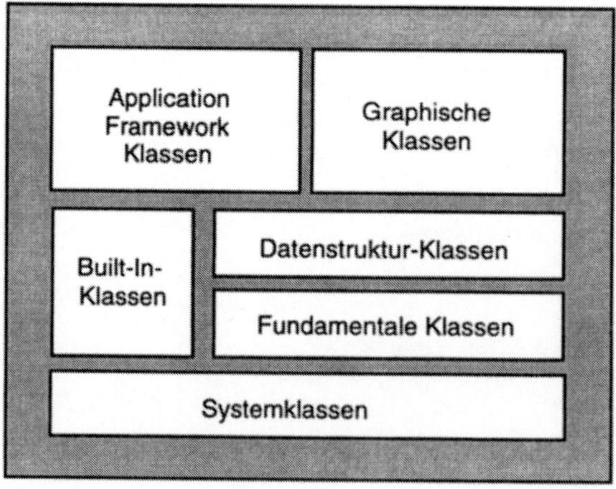

Abb.3.3 Klassen in ET++

Systemklassen	Abstraktion vom Betriebs- und Fensterverwaltungs-System
Built-In-Klassen	Ergänzung zu C++-Standard-Typen
Fundamentale Klassen	Infrastruktur für die Klassenbibliothek u.a. Einlesen und Abspeichern von Objekten
Datenstruktur-Klassen	Verwaltung von - Objektgruppen (Containern) - editierbarem Text
Grafische Klassen	Bildschirmobjekte für Benutzungsoberflächen (View-Elemente)
Application Framework Klassen	
	Abstrakte Klassen für ET++-Anwendungen

Klassengruppen in ET++

Zur Unterstützung von Prinzipien des Software Engineering werden die Klassen in Hierarchien organisiert (Abb.3.4).
Zu den Vorzügen von Klassenbibliotheken, wie sie auch für ET++ gelten, gehören

- ♦ Container-Klassen mit robusten Iteratoren
  grafische Bausteine zur Unterstützung des MVC-Paradigmas
- ♦ hierarchische Komposition grafischer Objekte mit einer deklarativen Spezifikation des Layouts
- ♦ ...

Im Zusammenhang mit der Erarbeitung von Klassen tritt dann die Frage nach deren zweckmäßiger Größe auf. Dafür gibt es - eher psychologisch als edv-technisch begründete - Richtlinien, welche einerseits akzeptiert werden und sich auf der anderen Seite als praktisch brauchbar erweisen müssen. Nachstehend zeigen wir ein weitgehend anerkanntes Ensemble solcher Richtwerte.

Entwurfsmaße

- Eine Methode in C++ umfasst durchschnittlich	24 Zeilen
- Methoden sind zu groß mit mehr als	36 Zeilen
- Eine Klasse hat durchschnittlich	20 Methoden
- Ein größerer Durchschnitt zeigt: zu viel Funktionalität in zu wenig Klassen	
- Eine Klasse enthält durchschnittlich	6 Instanz-Variablen
- Eine Klasse macht zuviel mit mehr als	10 Instanz-Variablen
- Eine Prototypklasse hat	10 - 15 Methoden mit je 5 - 10 Zeilen
- Eine Produktionsklasse hat	20 - 30 Methoden mit je 10 -20 Zeilen

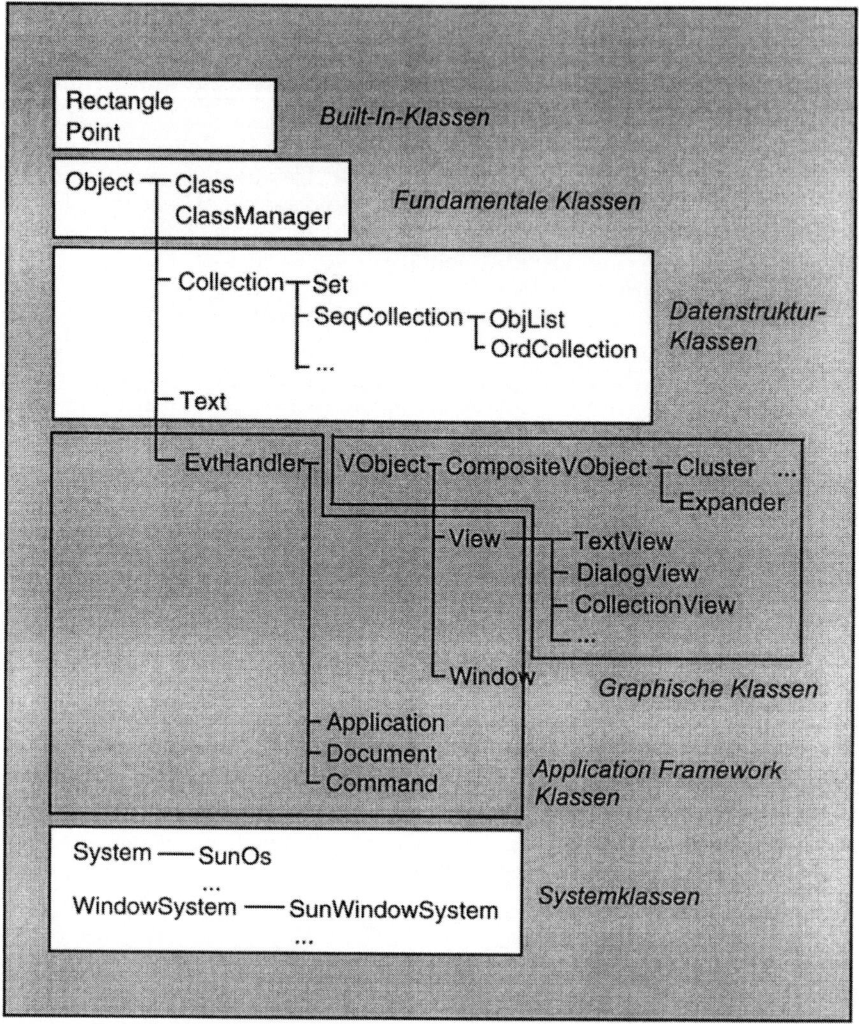

Abb.3.4 Klassenhierarchie in ET++

3.3 Scriptsprachen

Scripting bezeichnet einen Ansatz der Softwareentwicklung, bei dem Anwendungen aus speziellen vorgefertigten Komponenten erarbeitet werden. Es ist demzufolge ein komponentenorientiertes Vorgehen. Als Beispiele für Scripting sind zu nennen:

- Shell-Scripts in UNIX
- temporale Scripts.

In Shell-Scripts werden Kommandos, die als Bausteine vorgefertigt sind, unter Ausnutzung von „pipes" zusammengefügt.
In temporalen Scripts werden zeitlich veränderliche Objekte wie Musiksequenzen oder Animationen zu einem Ensemble verbunden
Grundlage für das Scripting sind eine geeignete Sprache und ein Scripting-Modell.

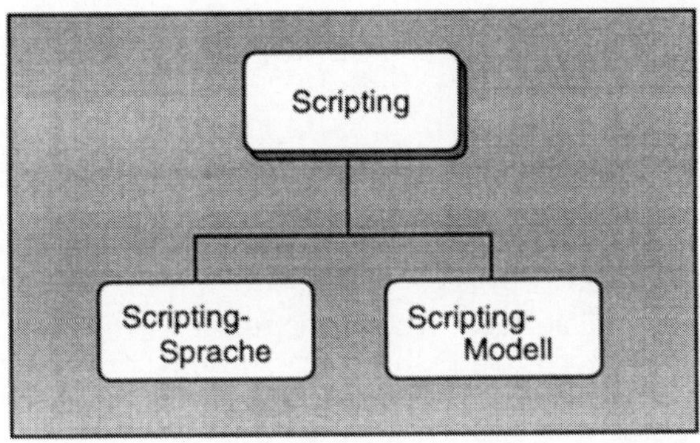

Abb.3.5 Grundelemente des Scripting

Eine Sripting-Sprache (kurz Scriptsprache) liefert eine kompakte Notation zur Erstellung von Scripts. Das Scripting-Modell bestimmt, welche Typen von vorgefertigten Komponenten auf welche Art zusammengefügt werden können.

SCRIPT Beschreibung von Softwarekomponenten und ihrer Verbindungen
(zwischen Ports) als eine Anwendung.

Ein Scripting-Modell besteht aus Syntax und Semantik für die Verbindung von Komponenten in einer bestimmten (Anwendungs-)Umgebung. Zunächst wird im Rahmen eines Scripting-Modells die Art der zulässigen Bausteine definiert. So geben Kappel u.a. (1989) die in Abb.3.6 gezeigten Bestandteile eines Scripting-Modells an.
Ein Beispiel für syntaktische Regeln:

- Verbunden werden können nur kompatible Eingangs- und Ausgangsports.
- Kompatibel sind Eingangs- und Ausgangsports, wenn der bereitgestellte Dienst dem geforderten entspricht.

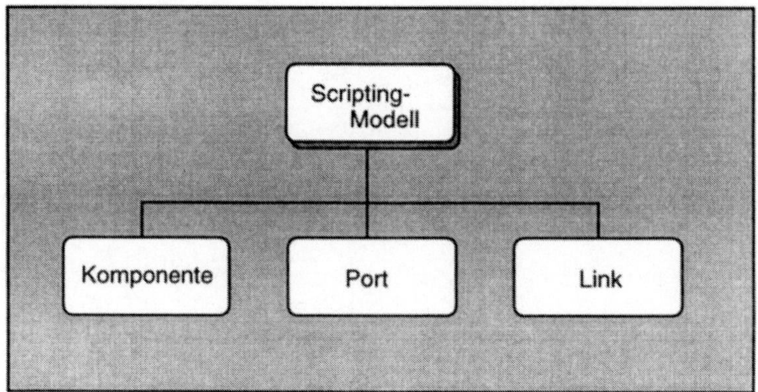

Abb.3.6 Komponenten Scripting-Modell

Scriptsprachen sind auf spezielle Elemente ausgerichtete Programmiersprachen. In aller Regel ist der Vorrat an Elementen in der Scriptsprache gegenüber der Zielsprache reduziert mit der Zielsetzung, die Erarbeitung von Anwendungen zu erleichtern. Scriptsprachen finden Verwendung u.a. in einem bestimmten Typ von Autorensystemen für Multimedia-Anwendungen, wie z.B in ToolBook.

VISUELLES SCRIPTING bedeutet, Erstellung und Veränderung von Scripts werden auf dem Bildschirm sichtbar gemacht.

Folgende Grundgedanken werden mit dem visuellen Scripting verbunden:
- grafische Repräsentation von Komponenten
- Darstellung von Ports an Komponenten (ungebundene Parameter)
- grafische Verbindungen zwischen Ports
- grafisches Editieren
- Kapselung von Scripts als wiederverwendbare Komponenten
- Möglichkeit der direkten Ausführung von Scripts.

Scripting ist sicherlich ein kreativer, experimenteller Vorgang. Somit eignen sich interaktive Werkzeuge für die Unterstützung besonders gut. Hier werden als Anforderungen gesehen:
- gut definierte Kompositionsprinzipien
- separate Komposition von Komponenten zwecks Transparenz einer Anwendung
- Visualisierung der internen Konstruktion von Anwendungen zwecks direkter Manipulation
- Unterstützung der Wiederverwendung von Lösungen.

3.4 Frameworks

Frameworks sind komlpexe Bausteine, deren konstituierende Elemente Klassen sind (vgl.S.2). Ein Framework hat somit eine spezifische Architektur bzw. Aufbauorganisation. Ein Framework hat weiterhin Referenzen innerhalb der Klassen, die - zusammen mit Methodenaufrufen - eine Ablauforganisation realisieren. Ein komplexer Baustein stellt demzufolge aufgabenorientierte Komponenten und Beziehungen bereit.
Frameworks sind an Aufgaben orientiert, welche für den Softwareanwender unmittelbar von Bedeutung sind. Das Beispiel des Projekts 'San Francisco' (IBM) veranschaulicht diese Zielrichtung. Die grundlegende Verteilung der Komponenten erfolgt wie üblich in einem Schichtenmodell, das von der Object Management Group gegenwärtig standardisiert wird (OMG 1998).

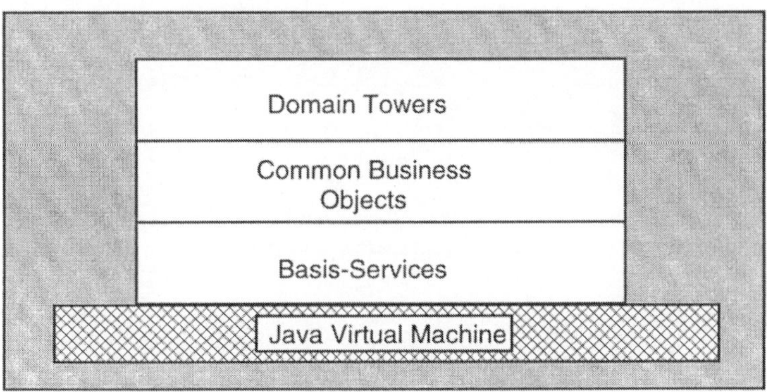

Abb.3.7 San-Francisco-Projekt: Schichtenmodell

In den Domain Towers finden die Entwickler also weitestgehend vorgefertigte Rahmen für Anwendungen, im vorliegenden Fall für Kernbereiche produzierender Unternehmen.

Basis-Services	Persistente Objekte
	Transaktionen
Common Business Objects	
	Verallgemeinerte Anwendungs-Funktionen (kommerziell)
Domain Towers	Spezifische Anwendungs-Funktionen (Personal, Buchhaltung, ...)

Schichten im San-Francisco-Projekt

Wie werden Frameworks nun zweckmäßigerweise angelegt? Um dies zu veranschaulichen greifen wir auf ein von Pree (1997) abgeleitetes Beispiel für die Simulation zurück (Abb.3.8).

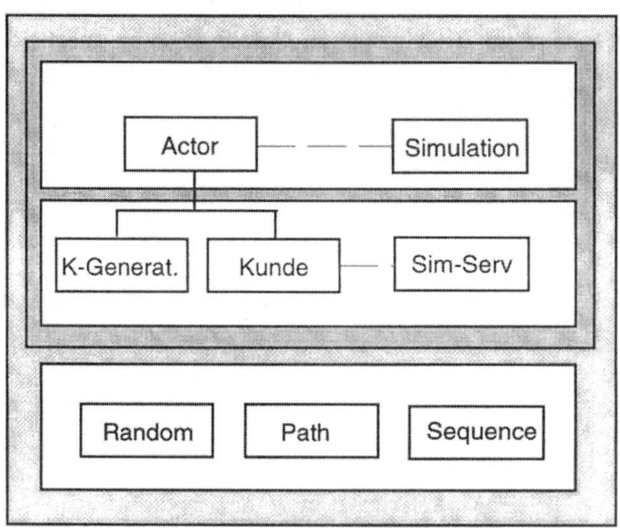

Abb.3.8 Framework Simulation

Der Kern des Frameworks ist dunkel umrandet. Die Klassen darunter übernehmen zusätzliche Funktionen, um eine Simulation realisieren zu können. Für die Arbeit mit Warteschlangen kann die Ankopplung einer abstrakten Klasse Queue an die ebenfalls abstrakte Klasse Actor erfolgen. Eine Anwendung würde entstehen durch das Ausarbeiten einer Benutzungsoberfläche (GUI) und die Nutzung des Frameworks in einer Anwendungsklasse.

Frameworks als Bausteine für Anwendungen zu verwenden erfordert in der Regel eine Anpassung an die aktuelle Aufgabe. Flexibilität ist damit - trotz vorgegebener Architektur - ein wesentliches Merkmal von Frameworks.
Vererbung ist auch in diesem Fall eines der Mittel, vorgefertigte Software anzugleichen. Für den Fall der o.a. Simulation ist damit zu rechnen, dass in unterschiedlichen Anwendungen Warteschlangen verschiedenen Typs benötigt werden. Und für diese wiederum gibt es Gemeinsamkeiten, die nur einmal angegeben werden müssen. So liegt es nahe, Actor mit einer abstrakten Klasse Queue zu verknüpfen und diese mittels Vererbung zu spezialisieren.

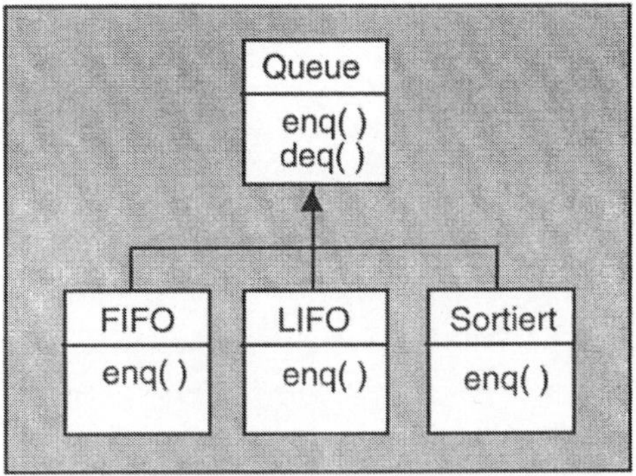

Abb.3.9 Anpassen mittels Vererbung

Die enqueue-Methoden der Subklassen von Queue sorgen nunmehr für die Einordnung von Akteuren in die Warteschlange entsprechend dem jeweiligen Typ.

Bei der Konstruktion von Frameworks wird die Wiederverwendung organisiert. Frameworks haben unveränderliche Anteile (frozen spots) sowie Komponenten, für die eine Anpassung bereits vorgesehen ist (hot spots). Systematischer Einsatz der Vererbung zur Gestaltung von Flexibilität wird über das Konstruktionsprinzip 'Einschubmethoden' organisiert.
Dieser zweite Ansatz zur Anpassung fußt auf der Bereitstellung spezifischer Methoden durch den Frameworkanwender. Zielsetzung ist die Veränderung von Objektverhalten ohne direkten Zugriff auf den Quelltext der Frameworkklasse. Dieser Zugriff erfolgt nur indirekt.
Die Lösung besteht im Zusammenwirken von Template- und Einschubmethode.

Einschubmethode	wird vom Benutzer definiert und an vorgesehener Stelle ins Framework eingefügt
Templatemethode	- ist die Methode, welche die Einschubmethode enthält - wird durch die Einschubmethode variabel
Inhalt	Definition von - abstraktem Verhalten - generischem Steuerungsfluss - Interaktion zwischen Objekten

```
class template_class                    //Klasse im Framework
    {
        ...
        template-methode( )
            {
                ...
```

```
                einschub-methode( );
```

```
            }
```

```
        einschub-methode( )   { }
```

```
    }
```

```
class einschub-class extends template_class //Klasse Anwender
    {
        ...
```

```
        einschub-methode( )
            {
                // Aktionen der Einschubmetode
            }
```

```
        ...
    }
```

Quelltext Prinzip Einschubmethode

In dieser Kombination enthält die Templateklasse einen Platzhalter für die Einschub-methode in der (komplexeren) Templatemethode. Der Anweisungsteil der Einschub-methode ist dabei stets leer. In der Einschubklasse wird dann die Funktionalität der nun spezifischen Einschubmethode definiert. Damit wird die Templatemethode ver-ändert; sie wird der aktuellen Aufgabe angepasst.

Es ist zu erkennen, dass Variationen in den Einschubmethoden normalerweise über jeweils andere Subklassen in ein Framework eingebracht werden. Auf diese Art wird Flexibilität zur Entwicklungszeit bzw. mit einem Neustart der Anwendung erreicht.

Flexibilität zur Laufzeit bringt in der Regel noch eine Steigerung in den Möglichkeiten zur Anpassung. Auch diese Form der Variablilität wird mit Frameworks verfügbar gemacht. Die Basis dafür bildet die Entkopplung von Template- und Einschubklasse. Der Ansatz besteht in der Verbindung von abstrakter Kopplung und Template- plus Einschubklasse. Deshalb zunächst ein Blick auf abstrakte Kopplung.

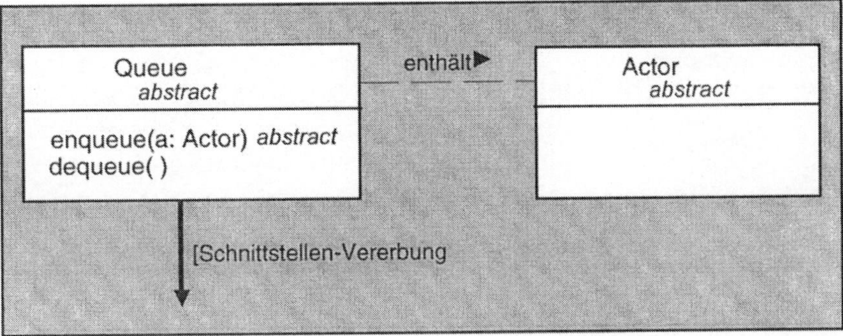

Abb.3.10 Abstrakte Kopplung

1) Queue steht in Beziehung zu Actor: eine Warteschlange
enthält Akteure
2) abstrakte Methode enqueue in Queue benötigt 'Kenntnis' über
(abstrakten) Typ Actor
3) aus 1 und 2 resultiert: abstrakte Kopplung

Erläuterung: abstrakte Kopplung

Pree (1997) verweist darauf, dass Einschubmethoden die Möglichkeit der Anpassung zur Laufzeit dann geben, wenn die Einschubklasse mit der zugehörigen Template-klasse abstrakt gekoppelt ist. Um dies zu veranschaulichen bleiben wir bei dem von Pree ausgearbeiteten Beispiel der Simulation. Die weiteren Abänderungen sind wie folgt (Abb.3.10):

♦ Es wird eine neue Einschubklasse QPolicy eingeführt
- Superklasse für die einzelnen Warteschlangentypen
- enthält Einschubmethode enqueue
♦ Veränderung der Klasse Queue zur Templateklasse
- erhält Templatemethode queueingPolicy.enqueue(a).

Mit einer solchen Konstruktion kann nun zur Zeit der Ausführung des Programms der Typ der Warteschlange gewählt werden. Auch ein Wechsel ist möglich, wobei der Anwender dieses Frameworks für Konsistenz der verwalteten Inhalte sorgen muss.

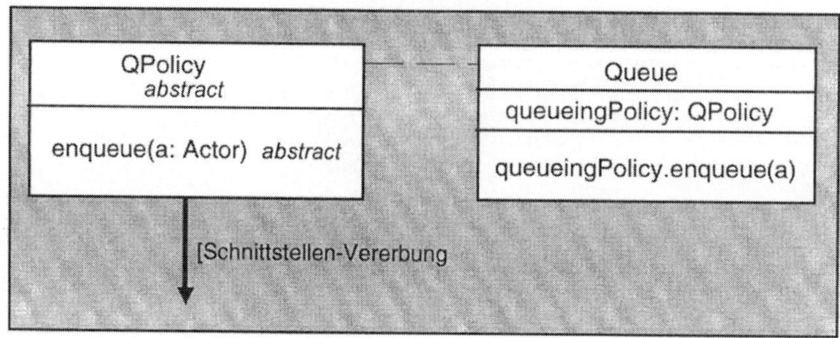

Abb.3.11 Laufzeitflexibilität

Überlegungen, welche Kompositionen mittels Kombination von Template- und Einschubmethoden konstruierbar und zweckmäßig sind, führen zum Gebiet der Entwurfsmuster als Softwarebausteine (s.Pkt.2.4). Für Kataloge von Entwurfsmustern werden deshalb auch Aufstellungen der jeweiligen Template- und Einschubmethoden beigefügt. Konstruktionsbasis und zugehörige Entwurfsmuster, wie sie bei Gamma u.a. (1995) zu finden sind, stellen wir abschließend zusammen.

♦ Abstrakte Kopplung
Trennung von Template- und Einschubklasse
und deren abstrakte Kopplung
⇒ ABSTRACT FACTORY, BUILDER, COMMAND, INTERPRETER,
    OBSERVER, PROTOTYPE, STATE, STRATEGY

♦ Vereinigung
Template- und Einschubmetode in einer Klasse
⇒ FACTORY METHOD

♦ Rekursive Komposition
Trennung von Temlate- und Einschubklasse
plus 1 T-Objekt verweist auf n E-Objekte   ⇒ COMPOSITE
plus 1 T-Objekt verweist auf 0 oder 1 E-Objekt   ⇒ DECORATOR
Template- und Einschubmetode in einer Klasse
plus 1 TE-Objekt verweist auf 0 oder 1 anderes TE-Objekt
⇒ CHAIN OF RESPONSIBILITY

3.5 Binäre Bausteine

Informationssysteme sind häufig mit umfangreicher Funktionalität ausgestattet. Diese wird in der Regel erreicht durch das Zusammenwirken ganz unterschiedlicher Komponenten. Als Beispiel sei genannt die Verarbeitung eines Verbund- bzw. Containerdokuments (Abb.3.12).

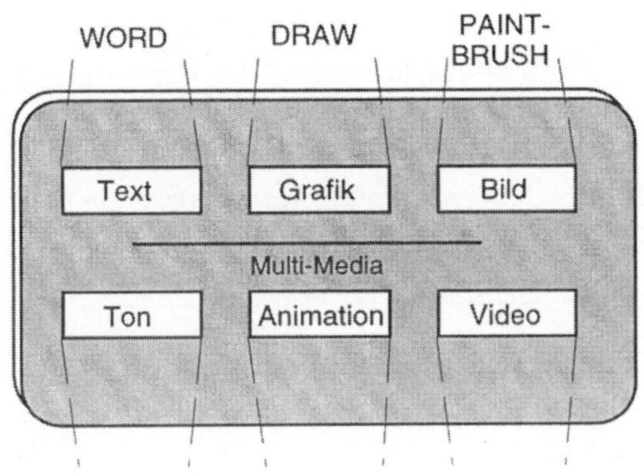

Abb.3.12 Verbund- bzw. Container-Dokument

Charakteristisch dafür ist, dass die verschiedenartigen Elemente - nach Möglichkeit unter einer gemeinsamen Benutzungsoberfläche - mit Hilfe unterschiedlicher Programmtypen wie z.B. WORD, DRAW, PAINTBRUSH, bearbeitet werden können, ohne die Anwendung explizit wechseln zu müssen. Der grundlegende Mechanismus zur Verbindung von Komponenten ist das Object Linking and Embedding (OLE).

Binäre Bausteine werden eingesetzt

- ♦ zur Verknüpfung verschiedenartiger Anwendungen
- ♦ in unterschiedlichen Laufzeit-Umgebungen.

Die Basis für diese Art der Arbeit mit Bausteinen ist jeweils ein Objektmodell. Im Falle von OLE heißt es Component Object Model - COM, und für den verteilten Fall DCOM. Was in COM inhaltlich steckt, zeigt die Abbildung 3.13.

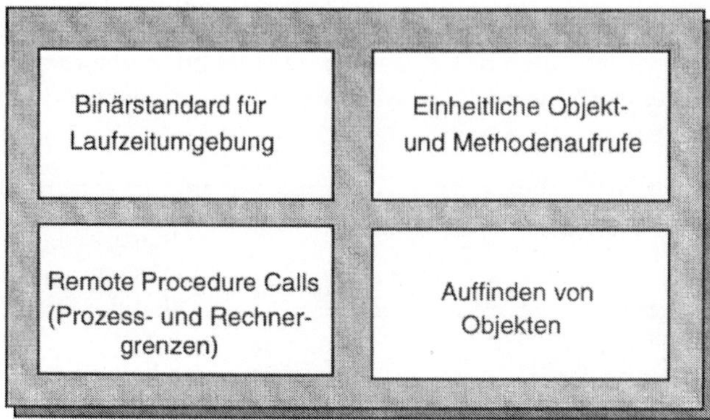

Abb.3.13 Inhalt COM

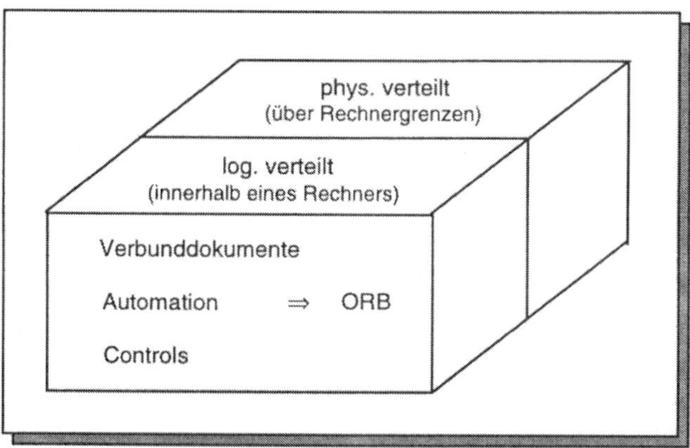

Abb.3.14 Bausteinverteilung

Im Zusammenhang mit der Diskussion über binäre Bausteine rückt das Feld 'Binärstandard für Laufzeitumgebung' ins Zentrum des Interesses. Die Bezeichnung weist darauf hin, dass die Bausteine eine binäre Hülle bzw. Schnittstelle bekommen. Diese Schnittstelle ist standardisiert. Bei Kenntnis des Aufbaus ist es einem Programm möglich, den Baustein zu interpretieren und somit zu benutzen. Unter dem Blickwinkel der Verteilung von Bausteinen im Rechner ergibt sich dann u.a. ein Zusammenhang zum Objektmodell wie in Abb. 3.14 prinzipiell dargestellt (s.d.a.Kap.7).

Die Funktionskomplexe der softwaretechnischen Realisierung OLE werden in Abb.3.15 zusammengestellt.

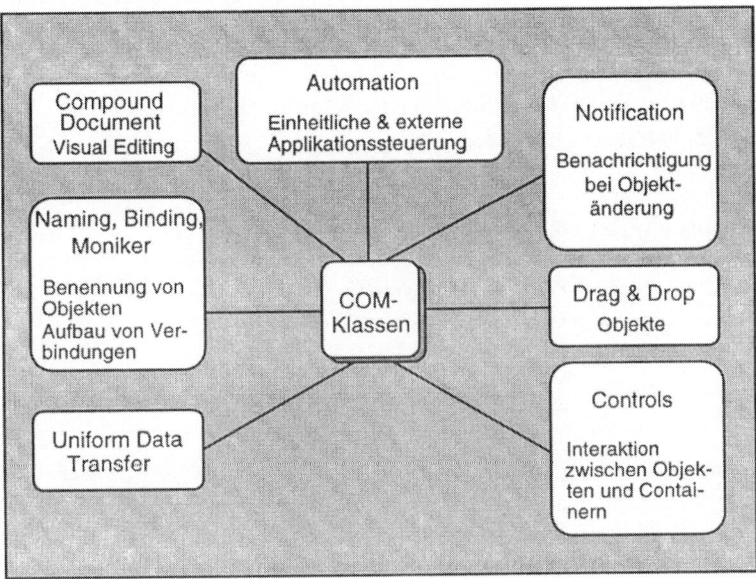

Abb.3.15 Funktionen OLE

Java Beans
Als Beispiel für die Ausgestaltung binärer Bausteine werden nun Java Beans betrachtet,

Java Bean ist ein wiederverwendbarer Softwarebaustein,
der mit einem entsprechenden Werkzeug visuell bearbeitet
werden kann.

Zwei Aspekte werden mit dieser Definition unterstrichen:

- es handelt sich um ein wiederverwendbares Element der Softwareentwicklung
- visuelle Bearbeitung ist möglich.

Mit dem zweiten Aspekt wird an die Benutzung von Layout-Buildern (wie z.B. Resource Workshop) bei der Entwicklung von Software angeknüpft und deren Funktionalität erweitert.

An ein Java Bean als Baustein werden folgende Anforderungen gestellt:

- Unterstützung der Analyse der Funktionen (methods) in einem Bean
  ⇒ Bean-Architektur
- Unterstützung der Anpassbarkeit eines Beans bezüglich
    - Präsentation
    - Funktion
  durch den Benutzer
- Unterstützung des Ereignis-Konzepts (events) als
  Kommunikationsmittel zwischen Beans
- Unterstützung von Attributen (properties)
- Unterstützung von Persistenz angepasster Beans
  ⇒ Serialisierung

Analyse zu unterstützen bedeutet, Elemente in Java Beans vorzusehen, die von Werkzeugen ausgewertet werden können. Die Spezifikation dieser Elemente wird implizit oder explizit vorgenommen. Implizite Beschreibung befindet sich im Code des Beans und stützt sich auf Namenskonventionen, die hier dann als design patterns bezeichnet werden. Explizite Angaben werden in gesonderten Teilen zusammengefasst. Um den Aufbau von Beans dabei übersichtlich zu halten, wird eine spezifische Architektur eingeführt.

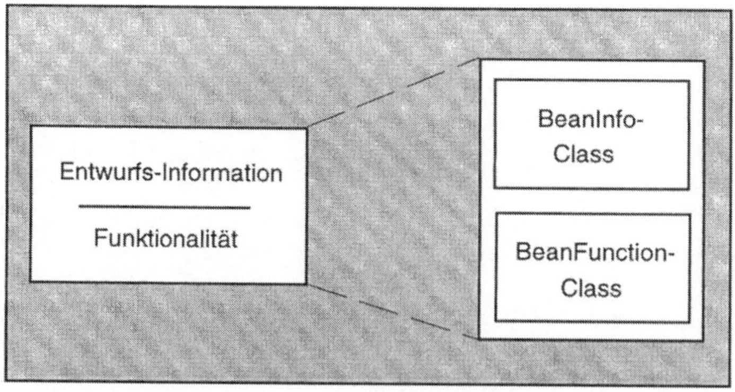

Abb.3.16 Bean-Architektur

Das Ereigniskonzept ist der Sprache Java immanent. Es weist auf das Erzeugen, Propagieren und Behandeln von Ereignissen in Java-Anwendungen. Das Grundprinzip zeigt die Skizze in 3.17. Dieses Ereigniskonzept besitzt folgende Merkmale:

- ◆ Rahmen für Definition und Anwendung einer erweiterbaren Menge von Ereignistypen und Propagierungsmodell.
- ◆ Ereignisbearbeitung über Scripts.
- ◆ Entwurf der Ereignisbearbeitung mittels entsprechendem Tool.

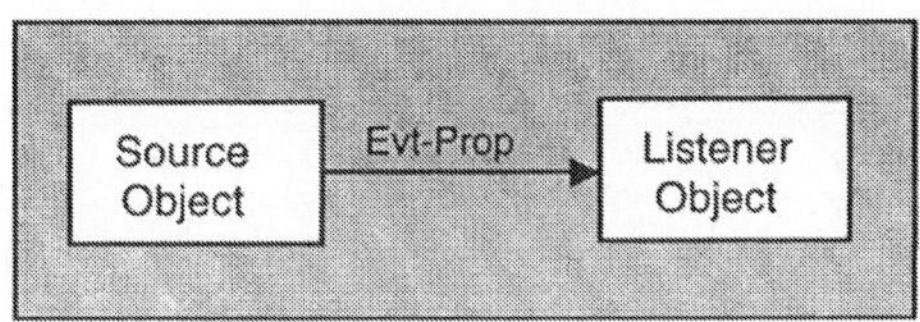

Abb.3.17 Ereigniskonzept - Aufgabenteilung

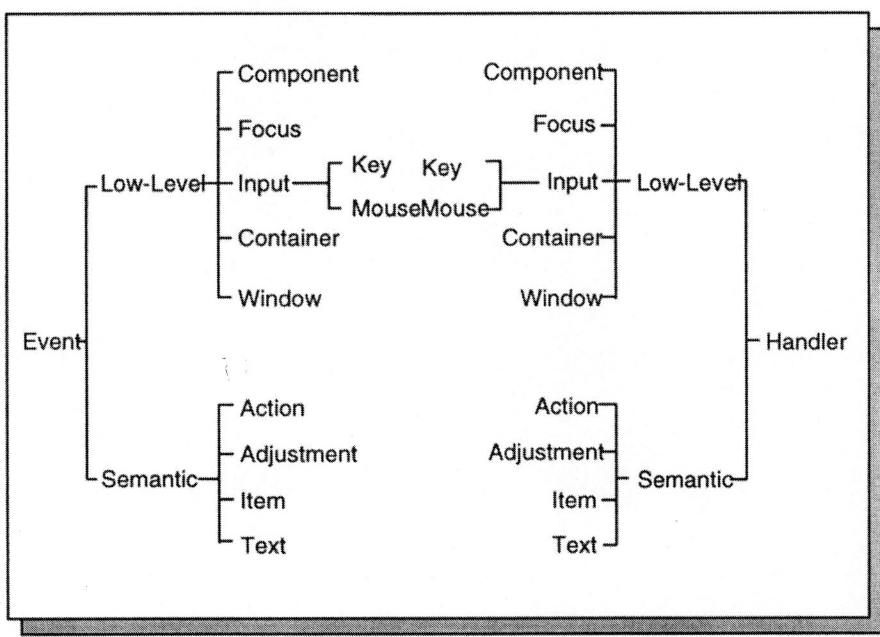

Abb.3.18 Event- und Listenertypen

Die Aufgabenteilung sieht vor, dass ein Objekt - die Quelle - mit einem Ereignis verbunden ist. Und ein anderes Objekt - der Listener - ist für die Behandlung dieses Ereignisses zuständig. Im Zuge der Systematisierung des Ereigniskonzepts gibt es nun eine Reihe (vorgefertigter) Ereignistypen und eine adäquate Reihe zugehöriger Listenertypen, das sind also hier die Event-Handler. Diese Typisierung wird in der Abb.3.18 zusammengestellt.

Die Betonung des Ereigniskonzepts im Zusammenhang mit Java Beans geht auf den Umstand zurück, dass die Verknüpfung zwischen ereignistragendem Objekt und der Routine zur Reaktion auf dieses Ereignis gut visualisiert werden kann. So ist es möglich, dem Entwickler Werkzeuge zur visuellen Arbeit mit Java Beans bereitzustellen.

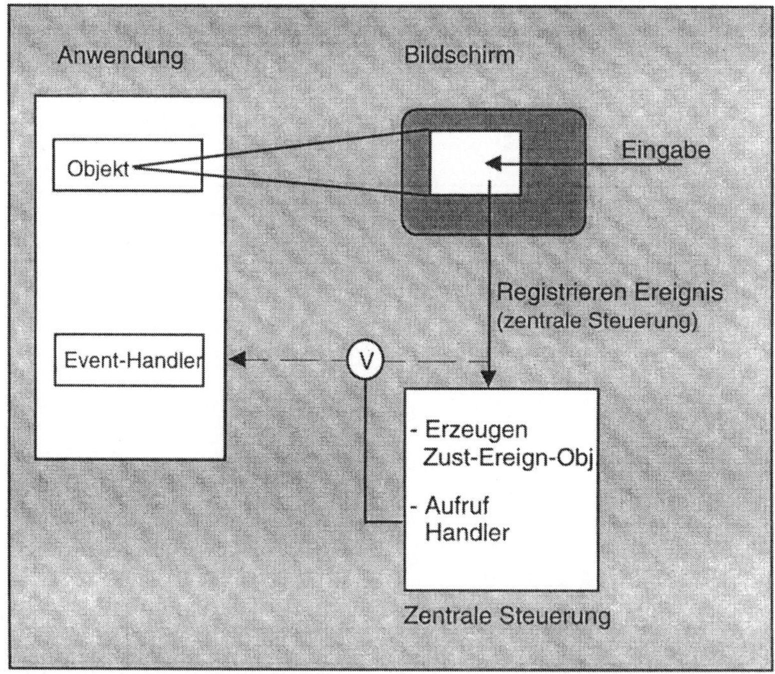

Abb.3.19 Kopplungsprinzip

Die visuelle Programmierung bei der Kopplung zwischen Ereignistyp und Event-Handler soll der Konnektor V in der oben angegebenen Darstellung in Verbindung mit der gestrichelten Linie anschaulich machen. (Abb.3.19) Hier setzt ein Werkzeug wie das Bean Development Kit auf und ermöglicht dem Entwickler die entsprechenden

Zuordnungen im Dialog. Voraussetzung ist, die erforderlichen Klassen und Quelltextabschnitte sind Komponenten der Beans.

Erforderlich als Komponenten machen sich die Anweisungen für den jeweiligen Event-Handler. Der Entwickler nutzt auch hier zum einen die originären Bausteine der Sprachpakete und zum anderen eigene Ergänzungen.

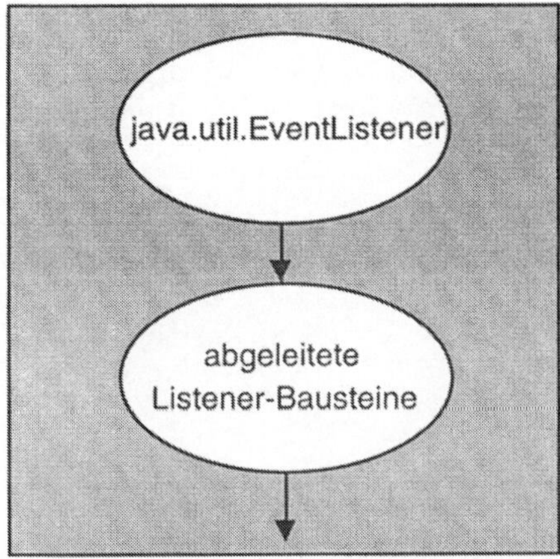

Abb.3.20 Handlerbausteine

Das Einfügen dieser Bausteine in Java-Anwendungen und auch in Beans erfolgt üblicherweise in zwei Stufen:

- Deklaration der Botschaftsbearbeitung mittels interface
  $\Rightarrow$ Schnittstellenspezifikation
- Definition der Botschaftsbearbeitung
  $\Rightarrow$ Klasse mit Methoden.

Die erste Stufe ist als Sammlung von Bausteinen für die Standardereignistypen in den Java-Packages enthalten. Somit kann der Entwickler darauf Bezug nehmen. Die zweite Stufe ist spezifisch für die einzelne Anwendung und somit als Komponente jeweils hinzuzufügen. Ein kurzes Beispiel beschreibt eine mögliche Ausformung der beiden Stufen (s. Quelltext).

Ein Ereignis und der damit herbeigeführte Zustand werden in einem vom Laufzeitsystem erzeugten Objekt festgehalten. Dieses Objekt wird als Parameter an den Event-Handler übergeben (im Beispiel unten ist dies mme).

```
interface MouseMovedExampleListener extends java.util.EventListener
        { void mouseMoved(MouseMovedExampleEvent mme); }
class ArbitraryObject implements MouseMovedExampleListener
        { public void mouseMoved(MouseMovedExampleEvent mme)
                { botschaftsbearbeitung }
        }
```

Quelltext Beispiel

Die erforderlichen Komponenten der Anwendung ergeben sich wiederum aus dem Vorrat der Sprachpakete oder aus Ergänzungen des Entwicklers.

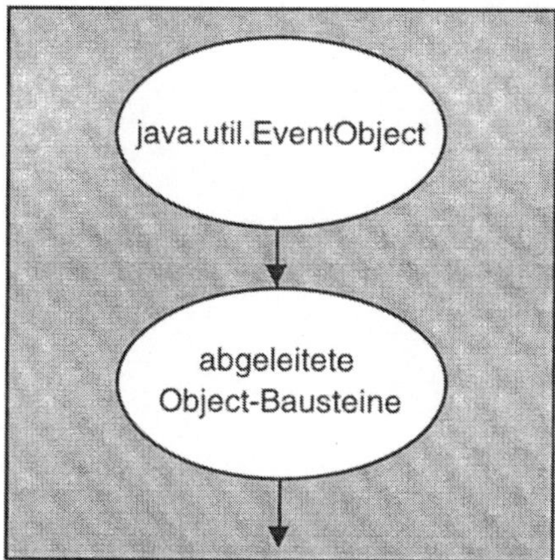

Abb. 3.21 Zustand-/Ereignisbausteine

Der Normalfall ist an dieser Stelle, die impliziten Ergänzungen der Javasysteme zu nutzen und explizit keine Ergänzungen in die Anwendung einzuarbeiten.

Für die Verwendung von Attributen in Beans werden ebenfalls „design patterns" vorgschlagen. Dadurch können Werkzeuge standardisiert und die Arbeit mit Attributen visualisiert werden. Unser folgender Überblick zeigt die Möglichkeiten auf, 'design patterns' in Beans einzusetzen.

Set & Get
  void set*property* (propertyType value);
  PropertyType get*property* ( );
Bound
  - global
    public void addPropertyChangeListener (PropertyChangeListener x);
  - lokal
    void add<*PropertyName*>Listener (PropertyChangeListener p);
Constraint
  - global
    public void addVetoableChangeListener (VetoableChangeListener x);
  - lokal
    void add<*PropertyName*>Listener (VetoableChangeListener p);

Design Patterns

Bei der Kontrolle kann der Entwickler bzw. Nutzer von Beans wählen zwischen globalen Event-Handlern oder solchen, die speziell für die einzelnen Attribute erarbeitet werden.

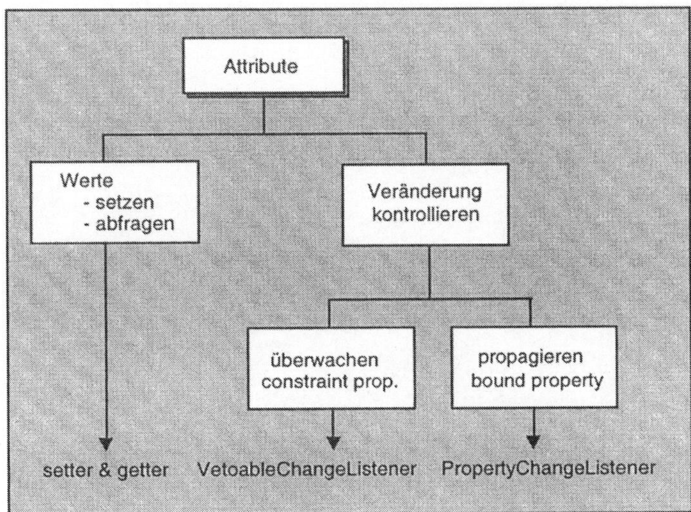

Abb.3.22 Überblick Attribute

Die Kontrolle von Veränderungen ist ein Spezifikum von Java-Beans als wiederverwendbare Bausteine. Dadurch bekommt der Entwickler von Anwendungen unter

Einsatz von Beans die Möglichkeit, die Wirkung von Attributwerten beobachten und gezielt behandeln zu können.

Wiederverwendung ist die übergeordnete Zielsetzung für den Einsatz von Beans. Zwei Hauptrichtungen werden dabei verfolgt:

- ♦ Einsatz in unterschiedlichen Umgebungen
  wie OLE, OPENDOC u.a.
- ♦ Einsatz in unterschiedlichen Anwendungen.

Für die erste Richtung muss die „Form" des binären Bausteins der jeweiligen Umgebung entsprechen. Das bedeutet, die Hülle des Bausteins muss genau so aufgebaut sein, wie die Einsatzumgebung voraussetzt, um die Zusammenarbeit realisieren zu können.
Für die zweite Richtung muss der Anwendungsentwickler, der Beans als Bausteine verwendet, diese der aktuellen Situation anpassen können. Anpassung heißt in diesem Fall

visuelles Einstellen von Attribut-Werten

ohne Veränderung des Bean-Quelltextes. (Die Einstellung wird mit einem Attribut-editor vorgenommen.) Vor allem die zweite Hauptrichtung erfordert, dass Einstellungen permanent gemacht, die Beans demzufolge abgespeichert werden können. Zu diesem Zweck werden mit Java zwei Mechanismen bereitgestellt.

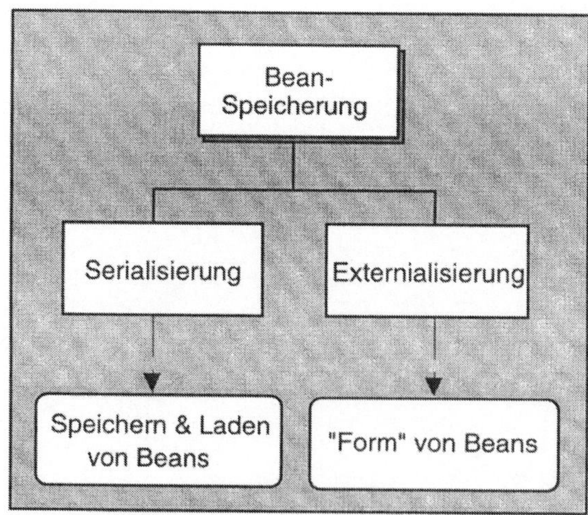

Abb.3.23 Persistente Beans

Kapitel 4

Merkmale objektorientierter Strukturen

4.1 Klassenverbände

Aufbauorganisation

Für Aufgaben-angemessene Zusammenfassungen von Klassen in Programmen gibt
es bezüglich der Gestaltung der Bausteine und ihrer Anordnung einige Anforderungen.

- Gleichmäßige Verteilung von Funktionalität und Daten (Responsibility)
  unter den Komponenten des Systems
- Minimierung der Kopplung (Coupling) zwischen den Komponenten
- Maximierung der Bindung innerhalb der Komponenten (Cohesion)
- Flexible Erweiterbarkeit und Wiederverwendbarkeit von Kompo-
  nenten

Bezüglich des Einsatzes vorgefertigter Bausteine beim Aufbau von Programmen, d.h.
also der Wiederverwendung, systematisieren Gamma u.a. (1995) die Ansätze
(Abb.4.1).

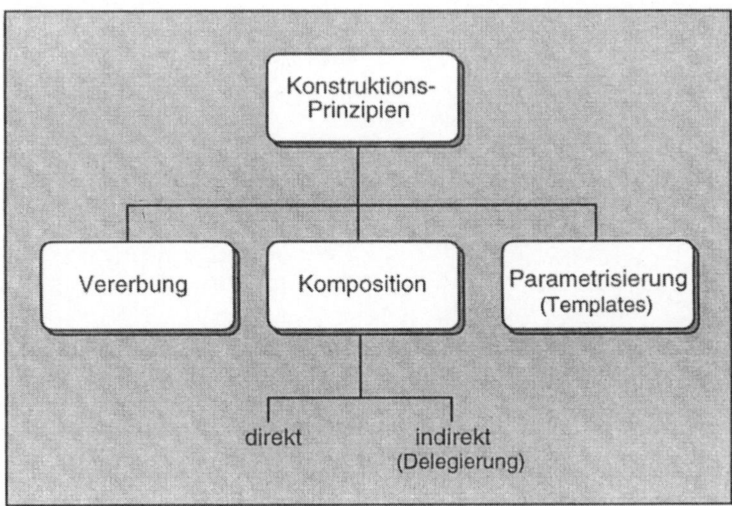

Abb.4.1 Konstruktionsprinzipien

Vererbung

Dieses Merkmal ist zunächst zu sehen als eine Möglichkeit des Zugriffs in einem Programm auf bereits ausgearbeitete Bausteine. Damit verbunden ist die Möglichkeit, in einem Programm mehrfach benötigte Komponenten an einer Stelle zu notieren und an verschiedenen Stellen unter Kontrolle des Laufzeitsystems zu nutzen. So sollen in Kind-of-Hierarchien Ähnlichkeiten zwischen Objekten mit geringem Aufwand zur Gestaltung von Programmen genutzt werden können (s.a. Polymorphismus). Vererbung ist eines der wichtigsten Konstruktionsprinzipien beim Aufbau von objektorientierten Programmen.

Zu berücksichtigen ist, dass auch die Vererbung verschiedene Facetten hat. Wir unterscheiden zunächst zwischen Vererbung von Implementierung und Weitergabe von Schnittstellen.
Vererbung der Implementierung führt dazu, dass nicht jede Operation der Basisklasse weiterhin sinnvoll ist.

Schnittstellenvererbung besitzt die Merkmale

- ◆ Weitergabe aller Eigenschaften
- ◆ jede Operation der Basisklasse weiterhin sinnvoll

Das bedeutet u.a., ein Objekt der abgeleiteten Klasse ist ein Objekt der Basisklasse. Die Beziehung zwischen den Bausteinen ist vom Typ Kind-of. Gefordert wird, dass diese Beziehung stets eine Konkretisierung sein und nicht auf eine einschränkende Spezialisierung hinauslaufen soll.

```
class A { ...                          class A { ...
        method1( ),                            method1( );
        method2( );                            method2( ),
        ...                                    ...
        };                                     };
class B : public A                     class B : private A
        { ... };                               { ... };
```

Clients von B können jede Methode von A aufrufen	Clients von B können keine Methode von A aufrufen
⇓	⇓
Vererbung der Schnittstelle	Vererbung der Implementierung

Quelltext(plus Anmerkung) Vererbung

> **Entwickle** Software-Objekte bezogen auf
> **Schnittstellen** -
> **nicht** bezogen auf **Implementierungen** !

So lautet dann auch das Konstruktionsprinzip von Gamma auf Grund der Vorteile der Arbeit mit Schnittstellen gegenüber der Vererbung von Code. Als Konsequenz ergibt sich für den Programmentwickler, Variable stets mit einer Schnittstelle in einer abstrakten Klasse zu verbinden, und sie nicht in konkreten Klassen zu deklarieren.
Der Vergleich von Vererbung mit anderen Mögilchkeiten der Aufbauorganisation von Programmen führt Gamma und seine Kollegen dann zu dem Vorschlag.

> **Komposition** von Software-Objekten
> **ist** der Vererbung in Klassen
> **vorzuziehen** !

Dies bedeutet, dass bei Vorhandensein von Klassen mit benötigter Funktionalität der Aufbau durch Komposition erfolgen soll, ansonsten ist auf Vererbung zurückzugreifen.

Vererbung von Code kann auch wieder auf zwei Arten ausgeführt werden: in der Black-Box- oder der White-Box-Variante. So ergibt sich für die Vererbung folgende Differenzierung.

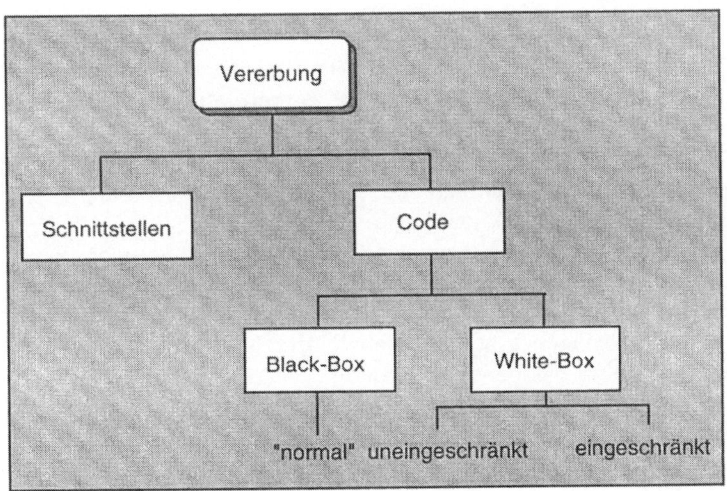

Abb.4.2 Differenzierung der Vererbung

Bei der Vererbung von Codesequenzen ist die unveränderte Übernahme, d.h. als Black-Box der Normalfall. Spezialisierung der Subklasse erfolgt dabei durch Ergänzung der Elemente der Superklasse. White-Box-Vererbung kennzeichnet den Fall, dass der Entwickler einer Subklasse den Code der Superklasse inspiziert und u.U. verändert. Jedoch besteht jetzt die Gefahr, die Integrität gekapselter Merkmale eines Objekts zu verletzen. Somit ist zum einen uneingeschränkte White-Box-Vererbung zu unterlassen, zum anderen nach Möglichkeiten für eine sichere Code-Wiederverwendung zu suchen. Von Edwards (1997) wird dazu der Ansatz der „representation inheritance" entwickelt. Im Kern führt dieser Ansatz zum geregelten Zugriff auf Interna der Superklasse mittels Repräsentationsinvarianten und Abstraktionsrelationen. Letztere beschreiben die Konzepte von Zustandsvariablen wie zum Beispiel die Länge einer Liste. Repräsenationsinvarianten sind die Annahmen über Zustandsvariable, unter denen die Methoden arbeiten. 'Der Zeiger auf ein Listenelement befindet sich stets innerhalb der Liste' ist ein Beispiel für eine solche Annahme.

4.2 Ereignisorientierte Programme

Aspekte der Steuerung des Programmablaufs verändern sich mit der Herausbildung der Objektorientierung. Die Verlagerung des Schwergewichts auf das Einbeziehen von Bausteinen bei der Softwareentwicklung forciert eine neue Architektur der Programmsteuerung. Die Betrachtungen zur Steuerung und damit zur Ablauforganisation, werden in drei Gesichtspunkte gegliedert:

- ◆ Behandlung von Ereignissen
- ◆ WIE wirken Komponenten für sich
- ◆ WIE wirken Komponenten zusammen.

Der Hintergrund dafür geht zurück auf Überlegungen zur Verallgemeinerung von Programmkomponenten, die von Wirth initiiert wurden und hier wie folgt angewandt werden:

PROGRAMM	= Algorithmus	+ Objektbeschreibung
OBJEKTBESCHREIBUNG	= Datenstruktur	+ Daten
ALGORITHMUS	= Funktionalität	+ Ablaufsteuerung

Für die Behandlung von Ereignissen, die sich vor allem aus Bedienoperationen bei der Benutzung eines Informationssystems ergeben, erfolgt mit Realisierung des objektorientierten Paradigmas nachstehender Übergang

funktionsorientierte $\Rightarrow$ ereignisorientierte Steuerung

EREIGNIS	ist charakterisiert durch einen
	- Zeitpunkt zu dem ein
	- Zustandswechsel eintritt.

Als Beispiel für ein Ereignis sei wieder einmal auf eine ruhende Maustaste verwiesen, die gedrückt wird.

ZUSTAND	wird charakterisiert durch eine
	- Zeitdauer welche
	- ereignislos ist.

Somit ist ein Niederhalten einer gedrückten Maustaste kein Ereignis, wenn diese Taste bereits gedrückt ist.

Ereignis und Zustand gehören zusammen. Das ist aus den oben eingeführten Charakterstika zu erkennen. Als Fazit ist folgende Dualität festzuhalten:

> Ereignisse bestimmen Zustände und die Unterscheidung
> von Zuständen ermöglicht das Bestimmen von Ereignissen.

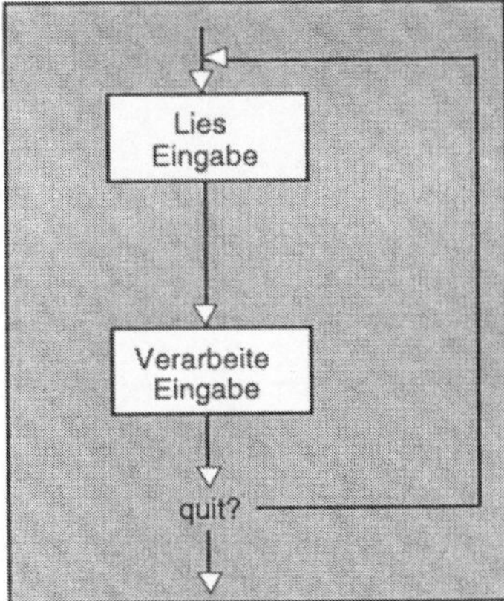

Abb 4.3 Funktionsorientierte Dialogsteuerung

Funktionsorientierung und Ereignisorientierung als Prinzip der Steuerung werden programmierungstechnisch unterschiedlich realisiert. Die Schemata der beiden genannten Steuerungsprinzipien werden in den Bildern 4.3 und 4.4 dargestellt. Funktionsorientierung als Basis der Ablaufsteuerung integriert sämtliche Komponenten zum Auswerten von Ereignissen in der Anwendung.

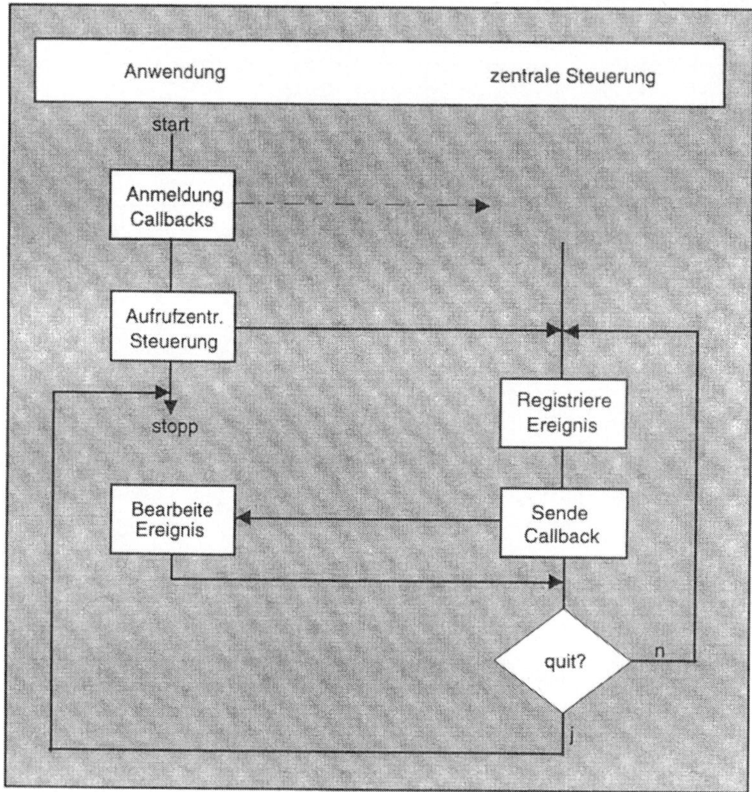

Abb 4.4 Ereignisorientierte Steuerung

Der Ablauf in interaktiven Informationssystemen wird vorrangig durch Ereignisse gesteuert. Auf jedes Ereignis erfolgt eine angemessene Reaktion. Somit wird eine

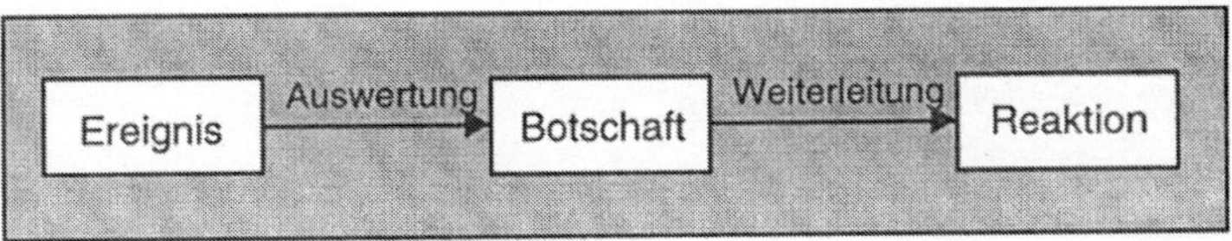

Abb 4.5 Ursache-Wirkung-Kette

Kette von Ursache-Wirkung-Verknüpfungen zum Grundmuster von Steuerungsvor-gängen.

Weiterhin wird mit dem Übergang zur Ereignisorientierung als Steuerungsprinzip die Komponente zur Erkennung von Ereignissen i.Allg. aus dem Anwendungssystem herausgelöst und erfährt so eine Zentralisierung. Damit verändert sich die Arbeitstei-lung zwischen Anwendung und plattformnahen Komponenten und auf diese Weise die Architektur der Ablaufsteuerung.

ARBEITSTEILUNG

Ereignisauswertung	zentral -
Botschaftsweiterleitung	zentral -
Botschaftsbearbeitung	lokal - Anwendung

Zwecks Bearbeitung der Ereignisse werden die vom Programmentwickler be-reitgestellten Methoden in einer (vom Compiler) eigens dafür eingerichteten Tabelle zusammengefasst. Nach Auswertung eines Ereignisses wird dann zur Behandlung der zugehörigen Botschaft direkt zu dem entsprechenden Abschnitt in dieser Tabelle verzweigt.

Unter Bezugnahme auf unser Beispiel und Beibehalten der bereits eingeführten Entwicklungsumgebung Borland-IDE wird das diskutierte Prinzip an dieser Stelle auf der Ebene der Quellsprache C++ skizziert (Quelltext Beispiel 6).

```
/*                                                      */
/*              Erstellen eines Fensters mit Menu       */
/*              Funktionalität der Menu-Items           */
/*                                                      */
#include <applicat.h>
#include <framewin.h>

#define CM_BEDIENENRUECKNEHMEN 102
#define CM_BEDIENENBEZAHLEN 103
```

Fortsetzung Quelltext

```
class TSimple : public TApplication
           {public  : TSimple( )
                    : TApplication( ){ }
                     void InitMainWindow( ); };

class TSimWindow : public TWindow
              {public : TSimWindow(TWindow* parent=0);
                      ~TSimWindow( );
                      void CmBEDIENENRuecknehmen( );
                      void CmBEDIENENBezahlen( );
                   DECLARE_RESPONSE_TABLE(TSimWindow);
              };

DEFINE_RESPONSE_TABLE1(TSimWindow, TWindow)
   EV_COMMAND(CM_BEDIENENRUECKNEHMEN, CmBEDIENENRuecknehmen),
   EV_COMMAND(CM_BEDIENENBEZAHLEN, CmBEDIENENBezahlen),
END_RESPONSE_TABLE;


...
void TSimWindow::CmBEDIENENRuecknehmen( )
            {  bedwind = new TSimWindow();
               bwindow = new TFrameWindow(0,"RUECKNAHME",bedwind);
               bwindow ->ShowWindow(3001);
            }
void TSimWindow::CmBEDIENENBezahlen( )
            {  MessageBox("Hier nur Cash", "BEZAHLEN", MB_OK);
            }

***   Weiter wie bisher   ***
```

Quelltext Beispiel 6

In einer durch Werkzeuge wie ToolBook bestimmten Entwicklungsumgebung wird die Bearbeitung von Botschaften durch so genannte Handler, also lokalen Behandlungsroutinen (in der Anwendung) realisiert. Das Schema einer Behandlungsroutine - in der Terminologie von ToolBook ein Script - ist gegeben mit

> **kopf** : Zuordnung Handler <---> Botschaft
> **rumpf** : Funktionalität - welche Reaktion soll auf das Ereignis
>   erfolgen
> **ende** :

Die Verbindung zwischen Bildschirmobjekt (bzw. zugehörigem Ereignis) und Handler stellt ToolBook her. Zwischen einzelnen Handlern lassen sich mit Hilfe der Scriptsprache ebenfalls Verbindungen einrichten.

4.3 Dezentralisierung der Steuerung

Innerhalb der Informationssysteme führt Objektorientierung zu einer Dezentralisierung der Steuerung. Sie ist u.a. eine Komponente der Gleichverteilung von Diensten. Einige Gesichtspunkte dazu werden nun betrachtet.

Angeregt durch die Erfahrungen von Scharrenberg&Dunsmore (1991) greifen wir zur Erläuterung dieser Anforderung nachstehendes Beispiel auf. Es handelt sich um ein einfaches Inventarsystem mit folgender Spezifikation.

Inventarsystem
Lieferanten: Aufnahme, Änderung und Anfrage
Teile: Durchsuchen des Verzeichnisses und Verifizieren von
                Bestellungen
Beschreibung:Aufnahme, Änderung von Lieferanten bei Lieferungen

---

Für das Inventarverzeichnis liegt damit die nachstehende Vorstellung zum Aufbau nahe.

```
LIEFERANT    (lief_key, name, adresse)
TEIL         (teil_key, lief_key, vorh_menge, beschreibung)
BESCHREI     (teil_key, lief_key, preis, bestell_menge, lief-termin)
```

Dies dient dann zur Entwicklung von Klassen. Begonnen wird mit der Ableitung einer Klasse für Lieferanten.

```
class LIEFERANT
            { status              // TRUE wenn Satz vorhanden
              key
              name
              adresse
              create  (key)
              add     (key)
              retrieve (key)
              update  (key)
              set_field(index, value)
              get_field(index, value)
            };
```

Mit einem Rahmenprogramm wären nun die bezüglich der Lieferanten gewünschten Funktionen realisierbar.

```
void main ( )
            { ...
            while (¬ finish)
                  func = func_type
                  switch of func
                        case add:      add     (key); break,
                        case update:   update (key); break;
                        ...
                  end;                                        }
```

Es liegt nun nahe, den weiteren Anforderungen zunächst durch die Entwicklung zusätzlicher Klassen zu entsprechen. Für Teile führt das zu folgendem Vorschlag.

```
class TEIL
        { status              // TRUE wenn Satz vorhanden
          teil_key
          lief_key
          vorh_menge
          create  (teil_key)
          add     (teil_key)


          retrieve (teil_key)
          update  (teil_key)
          set_field(...
            ...
        };
```

Die Ähnlichkeit der Klassen zur Aufnahme der Komponenten des Inventarverzeichnisses weisen deutlich darauf hin, daß der bisherige Entwurf auf Vereinfachung zu überprüfen ist. Zu erkennen sind gemeinsame Merkmale in allen drei Klassen LIEFERANT, TEIL und BESCHREI. Wir haben somit Folgendes zu tun:

Ausfaktorieren von gemeinsamen Merkmalen und Platzierung dieser in einer Superklasse.

Das führt zu einer ersten Klassenhierarchie, da den bisherigen drei Klassen eine Superklasse hinzugefügt wird.

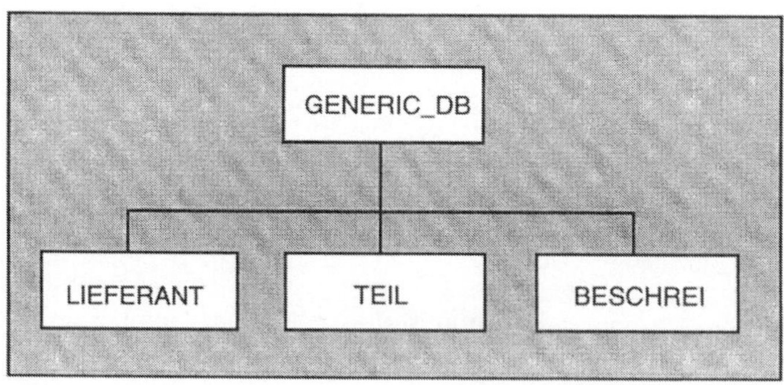

Abb. 4.6 Erste Klassenhierarchie

Wir registrieren somit eine erste Stufe der Dezentralisierung der Ablaufsteuerung:
Stufe1   Zuordnung "natürlicher" Funktionalität zu Objekttypen und
              Klassen.

Sie ist verbunden mit den Entwicklungsaktivitäten Ableiten,
Einfügen, Ändern von Objekttypen und Klassen.

Für die abstrakte Klasse GENERIC_DB wird die folgende Struktur entwickelt.

```
class GENERIC_DB
        { status
          key
          create  (key)
          add     (key)
          retrieve (key)
          update  (key)

          set_field(index, value)
          get_field(index, value)
        };
```

Die Klassen LIEFERANT, TEIL und BESCHREI werden in ihrer Struktur entsprechend
verändert.

```
class LIEFERANT: public GENERIC_DB
         { name
           adresse
           add     (key)
           retrieve (key)
           update  (key)
           find_teil (... )
           find_teile(... )
         };
```

Die Methoden für die Zugriffe auf die Zustandsvariablen müssen in den einzelnen
Klassen überschrieben werden.
Halten wir fest eine zweite Stufe der Dezentralisierung :

Stufe 2 Einfügen zusätzlicher Funktionalität durch Hinzufügen weiterer
         Objekt-Typen oder Klassen

In die Klasse LIEFERANT sind zusätzliche Elementfunktionen eingefügt worden:

find_teil   überprüft, ob ein bestimmtes Teil geliefert werden kann
find_teile   listet alle im Sortiment vorhandenen Teile.

Diese Elemente der Funktionalität kommen einem tatsächlichen Lieferanten durchaus
zu.

In die Klasse TEIL werden folgende Elementfunktionen eingearbeitet:

find_lief   überprüft, ob dieses Teil von einem bestimmten Lieferanten
             geliefert werden kann
find_lief'en listet alle Lieferanten dieses Teils auf.

Hier wird dem objektorientierten Modell eines Typs von Teilen Funktionalität zu-
gewiesen, die sich aus dem Vorbild der relevanten Realität nicht unmittelbar ableiten
lässt. Sie geht zurück auf eine Relationship-Set, die TEIL und LIEFERANT miteinander verbindet.

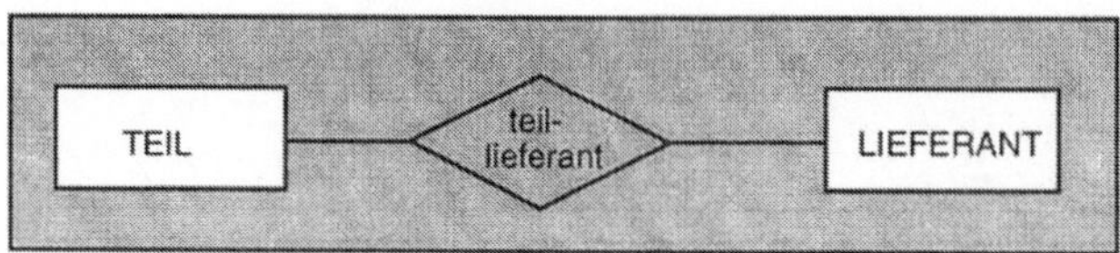

Abb. 4.7 Entity Relationship

Die sonst in ein Programm gelegte Funktionalität zur Auswertung einer solchen
Relationship-Set wird im vorliegenden Beispiel - mit einer gewissen Willkür - in die
Klasse TEIL eingefügt. Denn so ganz "natürlich" ist es nicht, dass z.B. ein Teil Aus-
kunft über seine möglichen Lieferanten geben kann. Wir finden also eine dritte Stufe
der Dezentralisierung:

Stufe 3 Einfügen zusätzlicher Funktionalität in bestimmte Klassen.

Der Hintergrund ist die o.a. m-n-Beziehung LIEF - TEIL. Die Auswertung einer solchen
Verknüpfung ist in funktionsorientierten Programmen zentralisiert. In objektorientierten
Programmen erfolgt nun die Aufteilung solcher Funktionen auf verschiedene Klassen.

In BESCHREI besteht zwischen den Teilen und den Lieferanten eine 1 : n-Beziehung;
eine Teileart wird bei unterschiedlichen Lieferanten bestellt. Um dies zu modellieren,
wird die Klasse TEIL_LIEF als Subklasse von LIEFERANT eingeführt (wer liefert
wieviel zu welchem Preis). Hinzu kommt NR_TEIL_LIEFERANT einmal als Unter-
klasse von LIEFERANT und zum anderen als Derivat von TEIL. Somit wird die
Klassenhierarchie entsprechend dem Bild 4.8 verändert. Die Struktur für die Unter-
klasse TEIL_LIEF ist dann:

```
class TEIL_LIEF: public LIEFERANT
        { teil_key

          ...
          bestell_menge
          add     (lief_key)
          retrieve (lief_key)
          update  (lief_key)
          create   (teil_obj, lief_key)
        };
```

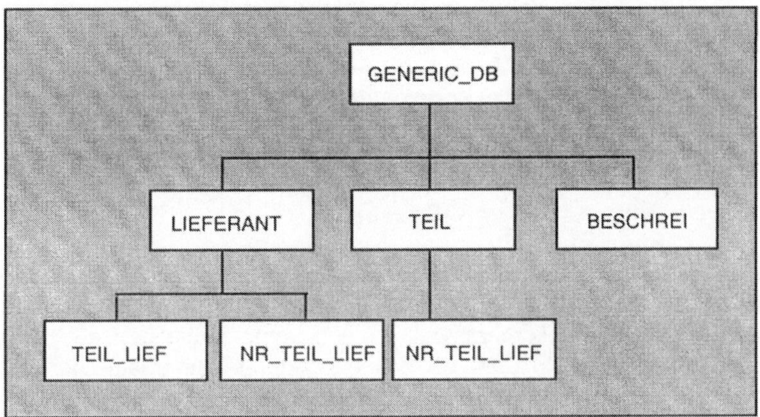

Abb 4.8 Erweiterte Klassenhierarchie

Für die Realisierung des Aspekts "WIE wirken Komponenten zusammen" wird im Weiteren folgende grundlegende Differenzierung eingeführt:

- ♦ direkte Verbindung
- ♦ indirekte Verbindung.

Die direkte Verbindung zwischen Objekten bzw. Komponenten wird durch den Austausch von Nachrichten realisiert, die in C++ zum Beispiel als Methodenaufrufe implementiert werden.

Die indirekte Verbindung ist eine Weiterführung der Sicht

ALGORITHMUS = Funktionalität + Ablaufsteuerung

Die Ablaufsteuerung wird aus dem Algorithmus herausgelöst und in einer separaten Struktur realisiert. Eine solche Realisierung wird i.Allg. als Script bezeichnet.

SCRIPT   = Beschreibung der
                 Zusammenarbeit
                 + Schnittstellen
         von Komponenten.

Eine einfache Form solcher Scripts findet sich bereits in der Makefile von UNIX. Gegenwärtig wird intensiv daran gearbeitet, weiterentwickelte Scripts grafisch zu repräsentieren. Damit eröffnet sich die Möglichkeit, Scripts direkt zu manipulieren und auf diesem Wege die Ablaufsteuerung erstens deutlich und zweitens leichter handhabbar zu machen. VISUELLES SCRIPTING ist die Bezeichnung für dieses Vorgehen.

4.4 Präzise Dokumentation von Klassen

Entwickeln, Testen und auch Wiederverwenden von Klassen erfordern geeignete Beschreibungen. Wir greifen zu diesem Zweck einen von Parnas erarbeiteten Vorschlag zur präzisen Dokumentation von Programmbausteinen auf. Der Anwendungsbereich sind wohlstrukturierte Steuerstrukturen innerhalb der Bausteine. Wohlstrukturiert geht dabei zurück auf die Strukturierte Programmierung, d.h.

- ◆ Programme, die unter Verwendung der Konstrukte der Strukturierten Programmierung entworfen wurden, können durch einfache Parser hierarchisch zerlegt werden.
- ◆ Die Semantik eines Programms kann unter Verwendung einfacher Operationen aus der Semantik seiner Komponenten ermittelt werden.

Die mathematische Grundlage für den o.a. Vorschlag bilden LD-RELATIONS (Limited-Domain Relations). Das Prinzip wird nun skizziert.

ANSATZ Die Wirkung eines deterministischen Programms kann beschrieben werden durch eine Programmfunktion.

Programmfunktion	Definitions-Bereich	Menge der sicheren Zustände
	Werte-Bereich	Menge der Endzustände
	$\Rightarrow$ Relation	

Die Wirkung eines nichtdeterministischen Programms kann beschrieben werden durch ein Paar

$$\text{Relation} + \text{Menge}.$$

- Eine binäre Relation R über eine gegebene Menge U ist eine Menge geordneter Paare mit Elementen aus U

$$R \subseteq U \times U.$$

- Die Menge R der Paare kann auch über ihr charakteristisches Prädikat R (p,q) beschrieben werden

$$R = \{(p,q) : U \times U \mid R(p,q)\}.$$

- Definitions- und Wertebereich werden wie folgt beschrieben

$$Dom(R) = \{p \mid \exists\, q\; [R(p,q)]\}$$
$$Ber\;(R) = \{q \mid \exists\, p\; [R(p,q)]\}.$$

LD-Relation über U ist ein geordnetes Paar

$L = (R_L, C_L)$ mit

R_L - die relationale Komponente
von L ist eine Relation über U

$R_L \subseteq U \times U$

C_L - Kompetenz-Menge von L
ist eine Teilmenge der
Domäne von R_L

$C_L \subseteq Dom(R_L)$

LD-Relationen werden zum hier behandelten Zweck tabellarisch dargestellt.

Die Dokumentation der Programmbausteine umfasst zwei Komponenten

♦ Display
♦ Lexikon

Das Display besteht wiederum aus mehreren Komponenten. Es sind dies:

♦ Spezifikation des Programmbausteins, für welchen das Display gilt
♦ Programmbaustein selbst
♦ Spezifikation für die Programme, welche aufgerufen werden.

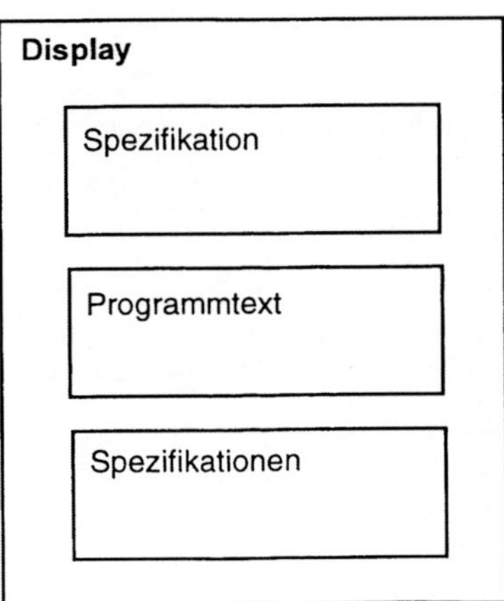

Für die Spezifikation wird als Ausgangspunkt die LD-Relation für ein Programm P
benutzt

$$L_P = (R_P, C_P) \qquad \text{mit} \qquad U - \text{Menge der Zustände.}$$

Eine Spezifikation S ist eine Menge von LD-Relationen über U

$$L_S = (R_S, C_S) \qquad \text{mit} \qquad L_S - \text{Element von S}$$

   - P erfüllt die LD-Relation wenn gilt

$$C_S \subseteq C_P \wedge R_P \subseteq R_S$$

   - P erfüllt die Spezifikation wenn gilt, P entspricht mindestens
einem Element von S.

In der Regel hat S nur ein Element. Das bedeutet für $S = \{L_S\}$ kann auch L_S als Spezifikation bezeichnet werden.

Das Lexikon ist die Zusammenfassung der Definitionen von Termen, die in mehr als einem Programmbaustein benutzt werden. Damit wird die Redundanz verringert. Dazu gehört noch ein Index, eine Liste der Bezeichner mit Verweis auf das verwendende Display.

Wir greifen nun ein von Parnas entwickeltes Beispiel auf, um die Dokumentation mittels Displays zu demonstrieren.

Aufgabe   binäres Suchen

Beschreibung Gegeben sind ein ganzzahliger Wert x und eine Liste von $n \geq 1$
          ganzen Zahlen $a_1, \dots, a_n$ in nichtabsteigender Sortierung
          - prüfe, ob x in der Liste enthalten ist
          - wenn x vorhanden ist, finde einen Index j mit $x = a_j$.

Das dazugehörende Display hat dann den auf der nächsten Seite dargestellten (prinzipiellen) Aufbau.

Zur Spezifikation im Display kurz einige Anmerkungen. Für ein Programm P mit

$$L = (R, C)$$

kennzeichnen die Variablen v1 ... vn die zu verarbeitenden Daten. Dann weist
          'vi   auf die Varaible i vor der Abarbeitung
          vi'   auf die Variable nach der Abarbeitung von P hin.
Damit ergibt sich für jede Variable ein Paar

$$P = (\text{'vi}, \text{vi'}).$$

Die Variablen, die Definitions- und Wertebereich für eine LD-Relation angeben, werden in einem Kopf einmal aufgeführt und für die charakteristischen Prädikate nicht wiederholt.

DISPLAY

Spezifikation

find (x, A, j, present)	

$R0(,) = ((1 \leq n) \wedge \ \forall i \ (1 \leq i < n) \Rightarrow ('A[\,i\,] \leq 'A[i+1])]) \Rightarrow$

		$\exists i \ [(1 \leq i < n) \wedge (\ 'A[j] = 'x\ )\,] =$	
		true	false
j'	I	'A[j] = 'x	true
present'=		true	false

Programm

```
procedure find( e: integer; V: vector; var index: integer; var found: Boolean);
var low, high: integer;
begin
        Initialization; Body;
end (find)
```

Spezifikation aufgerufener Programme

Initialization	

Body	

Zeile 1 Darstellung des Aufrufs

Zeile 2 Der in Klammern angegebene Ausdruck ist wahr, wenn die Eingabefolge
nicht absteigend sortiert ist. Die Elemente der Datenstruktur sind bereits
in Zeile 1 angeführt, so dass
R_0 (('x,'A,'j,'present),(x',A',j',present'))   auf
R_0 (,)
reduziert wird.

Zeile 3,4 hier wird das "Verhalten" des Programms beschrieben

Zeile 5 Die Kombination j I true drückt den Umstand aus, dass die Spezifikation erfüllt
ist, unabhängig vom Endwert von j.

Zeile 6 Hier handelt es sich bei den Angaben um Konstante der
Programmiersprache. Die Zeichenfolge NC (x,A) spezifiziert die Anforderung,
dass x und A unverändert (not changed) bleiben.

Parnas orientierte sich bei der vorgestellten Beschreibung von Programmen primär am
funktionsorientierten Stil der Programmentwicklung. Gleichwohl kann die herausgear-
beitete Schematisierung als Muster gelten, welches sich auf andere Paradigmen
übertragen lässt. Für die präzise Beschreibung von Klassen ist die formalisierte
Darstellung ihrer syntaktischen Struktur sicherlich ein geeigneter Ansatzpunkt.
Bedient man sich bei der Beschreibung der einzelnen Bestandteile nun einer formalen
Notation, lassen sich auch Klassen entsprechend präzise darstellen. Ein Kandidat für
eine adäquate Sprache ist Object-Z. Achatz und Schulte(1996) dehnen diesen
Gedanken auf den gesamten Entwicklungsprozess aus und schlagen auf dieser
Grundlage eine formale objektorientierte Softwareetwicklung vor. Dabei gilt das
Bemühen der Integration von semiformalen und formalen Methoden, sie auch um den
Grad der Automatisierung im Entwicklungsprozess erhöhen zu können.

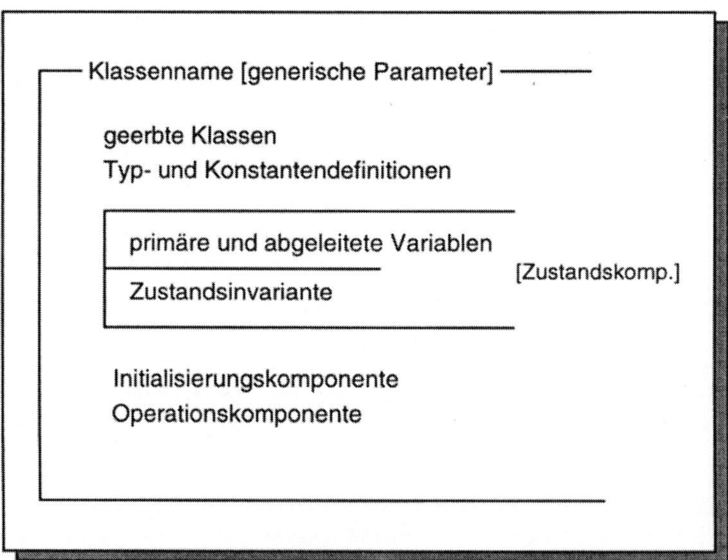

Abb.4.9 Klassenstruktur

5 Groupware

5.1 Gruppenarbeit

Unter der verkürzten Bezeichnung Gruppenarbeit ist die Arbeit mehrerer Personen an einer gemeinsamen Aufgabe unter Verwendung von Computern zu verstehen. Wir sprechen von Computer Supported Cooperative Work - kurz CSCW. Am Beispiel der gleichzeitigen Bearbeitung von Dokumenten durch verschiedene Mitarbeiter wird dieses zunächst intuitive Verständnis vertieft.

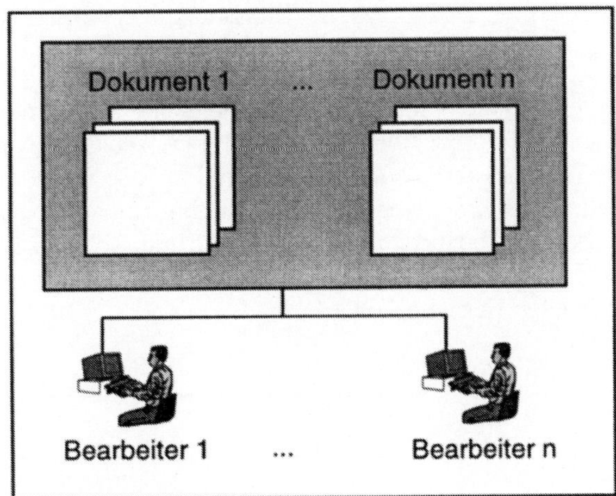

Abb. 5.1 Prinzipskizze Gruppenarbeit

Zwischen „einfachen" Multi-User-Anwendungen und CSCW gibt es einen wesentlichen Unterschied: Zur Assistenz des Individuums kommt ausdrücklich die Berücksichtigung der Kooperation in arbeitsteiligen Prozessen hinzu. Und Kooperation bedarf der Koordination als weiteres abgeleitetes Charakteristikum.

KOOPERATION Gemeinsame Tätigkeit mehrerer Personen mit Koordination zum Erreichen eines Ziels.

KOORDINATION Bewusstes Abstimmen von wechselseitigen
Abhängigkeiten bei gemeinsamen Tätigkeiten.

Weiter präzisiert lassen sich für Gruppenarbeit folgende Merkmale angeben:

Merkmale CSCW

Aufgabe	wird von einer Gruppe bearbeitet
Inf.-System	ist Mehrplatzanwendung zur Unterstützung der Zusammenarbeit
Ergebnis	wird im Rechner für alle Mitglieder der Gruppe geführt
Stand	der Bearbeitung wird durch besondere Hinweise dokumentiert
	Bsp. Mitarbeiter B hat die Zuarbeit von A gelesen

Wir erkennen also: notwendig - aber noch nicht hinreichend - ist die Kommunikation. Diese wiederum kann auf verschiedene Art und Weise realisiert werden. Die Vielfalt dafür eingesetzter Technik kann auch in diesem Fall das Wesentliche verdecken. Somit bedarf es auch hier zweckmäßiger Beschreibungsmodelle, um grundlegende Prinzipien deutlich herausarbeiten zu können. Dafür unterscheiden wir bezüglich der Kommunikation die konzeptuelle und die technische Ebene. An dieser Stelle werden Modelle der konzeptuellen Ebene diskutiert.

Zeit / Raum	synchron	asynchron
zentral	Face-to-Face-Meeting	Bulletin Board
verteilt	Computer Conferencing	Workflow Management

Tab.5.1 Organisation von Gruppenarbeit - Modell 1

96

Modell 1

Die Tätigkeit in Gruppen zum Erreichen eines gemeinsamen Ziels kann hinsichtlich Raum und Zeit sehr verschieden organisiert werden (Tab.5.1). Die erste Koordinate zeigt an, wie die Mitglieder der Gruppe während ihrer Arbeit lokalisiert sind. Mit dem Parameter Zeit wird verdeutlicht, ob im Team alle Beteiligten gleichzeitig oder zu unterschiedlichen Zeitpunkten an der Gesamtaufgabe arbeiten. Die Zusammenstellung dieser Aspekte führt zu dem o.a. Organisationsschema der Gruppenarbeit. Die Felder der Matrix können dabei mit unterschiedlichen Systemtypen bzw. erforderlichen Grundfunktionen charakterisiert werden. Hier wird zunächst die Arbeitsform durch bevorzugt verwendete Bezeichnungen genannt.

Dieses Organisationsschema kann als Ausgangspunkt für die Einführung weiterer Begriffe Verwendung finden.

Groupware   ist der zusammenfassende Bezeichner für Software, welche für Computer Supported Cooperative Work eingesetzt wird.

Telekooperationssystem
bezeichnet solche Software, die räumlich verteilte, sowohl synchrone als auch asynchrone Gruppenarbeit unterstützt.

Workflow-Management-System
verweist auf den Typ von Software für Arbeitsvorgänge über mehrere Arbeitsstationen hinweg.

Modell 2

Eine Annahme für das konzeptuelle Modell der Kommunikation wie es oben diskutiert wird ist: Die Gruppe ist recht genau über ihre Mitglieder, ihre Aufgaben und über ihre Ziele definiert. Für viele Situationen der Gruppenarbeit mittels World Wide Web gilt diese Annahme jedoch nicht:

- Die Mitglieder einer Gruppe sind mitunter (wechselseitig) nicht bekannt.
- Die Zahl der Mitglieder einer Gruppe kann sich auf Tausende belaufen.
- Das Erreichen eines gemeinsamen Ziels ist i.Allg. weniger präzise formuliert.

Um diese jüngste Entwicklung gemeinsamen Arbeitens in die Überlegungen zu CSCW integrieren zu können, führen Chen&Gaines (1997) eine Erweiterung des konzeptuellen Modells der Kommunikation ein. Der Kerngedanke dabei ist ein

virtuelles kooperatives Zusammenwirken.

Virtuell soll in diesem Zusammenhang Folgendes zum Ausdruck bringen:

- Kooperation im virtuellen Raum (in Richtung virtueller Realität) Kommunikation erfolgt nicht von Mensch zu Mensch, sondern vorzugsweise von Mensch zu Produkt (Bsp. Homepage einer Person).

♦ Kooperation nicht a priori definiert und beständig existent,
  sondern punktuell, flüchtig.

Als Basiselemente für dieses Modell der Kommunikation sehen die Autoren:

♦ deskriptiv
  - Kommunikationsgegenstand
  - zeitliche Dimension
  - Präsenzhierarchie
♦ präskriptiv
  - Motivationsbasis für das Zusammenwirken
  - Unterstützung des virtuellen kooperativen Zusammenwirkens.

Die Motivationsbasis wird zum dominierenden Element und bestimmt somit die
Erweiterung des konzeptuellen Modells der Kommunikation.

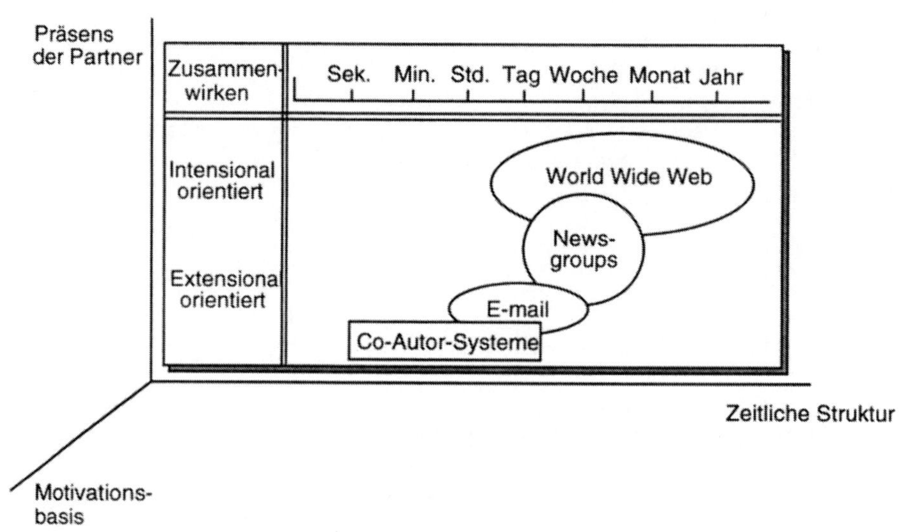

Abb.5.2 Organisation von Gruppenarbeit - Modell 2

5.2 Workflow Management

Eine besondere Form der Gruppenarbeit ist das Workflow Management. Die
entsprechenden Softwarepakete sind in den Bereich der Telekooperationssysteme
einzuordnen. Als weiterführendes Spezifikationsmerkmal wird nun die Verwendung
eines Prozessmodells zur Koordination der Arbeit in der Gruppe eingeführt.

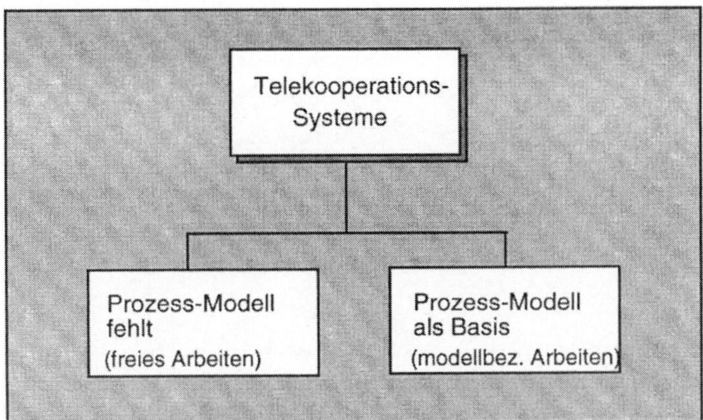

Abb.5.3 Telekooperationssysteme

Um das Prozessmodell einzuordnen, wird wiederum auf das Ontogenese-Modell zurückgegriffen (Bauer 1995).

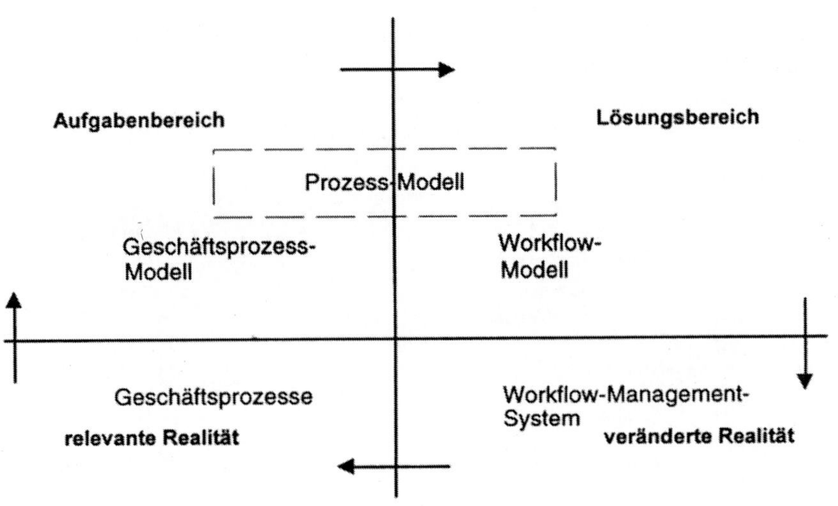

Abb.5.4 Einordnung Prozessmodell

Die Komponenten eines Prozessmodells und ihre relevanten Beziehungen untereinander zeigt das Bild 5.5.

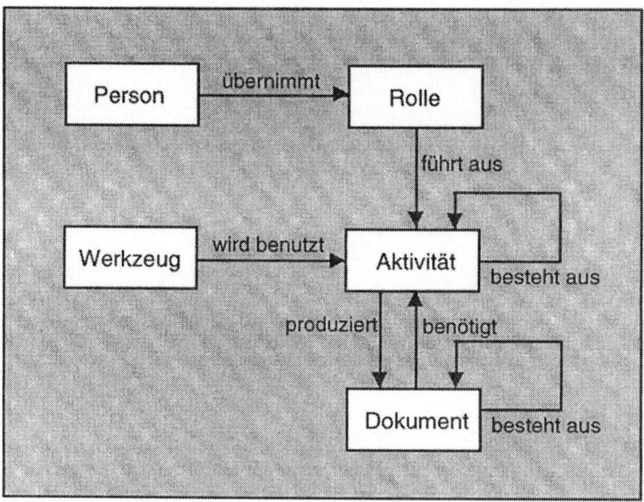

Abb.5.5 Prozessmodell

Die Arbeitsfelder, welche mit Workflow-Management-Systemen bedient werden, sind in der Abbildung 5.6 zusammengeführt.

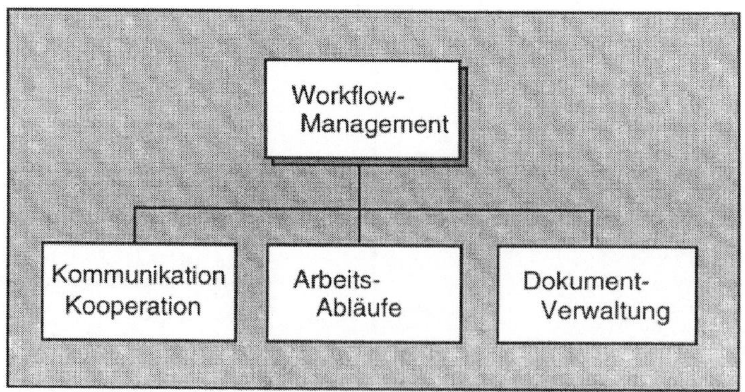

Abb.5.6 Arbeitsfelder

Arbeitsabläufe zu unterstützen ist sicherlich das vorrangige Einsatzfeld für Workflowsysteme. Somit sind Kommunikation/Kooperation sowie Dokumentverwaltung eher als nachgeordnet anzusehen. Da derartiger Einsatz jedoch auch isoliert erfolgen kann, ist die Aufzählung in Abbildung 5.6 zweckmäßig.

Arbeitsabläufe im Rahmen des Workflow Management erfolgen auf der Grundlage des oben eingeführten Prozessmodells. Der entsprechende Funktionskomplex wird in vielen Fällen auch Vorgangssteuerung genannt. Bausteine für diesen Komplex sind die in der Abbildung 5.7 dargestellten Funktionsgruppen.

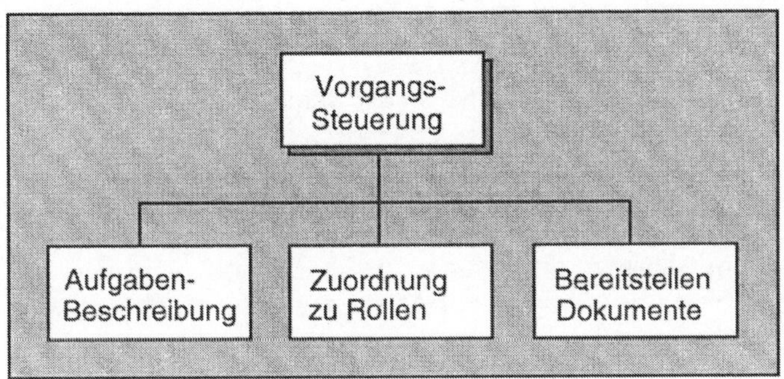

Abb.5.7 Funktionsgruppen

Unterschiedliche Gewichtung von Funktionsgruppen und variierende Arrangements führen zu großer Vielfalt bei der Realisierung von Workflowsystemen. Versuche der Vereinfachung zielen dann auch in diesem Fall auf Verallgemeinerung der Architektur (s.Abschn.5.5).

Vorgangssteuerung ist das Zentrum von Workflow-Management-Systemen. Sie setzt sich aus mehreren Komponenten zusammen, die man sich leicht als Bausteine vorstellen kann.

Vorgangs-Steuerung
    Vorgangsmodell   = Bearbeitungsschritte
                                  + Abfolge
    Vorgangstyp   = Aktivitäten   (durchzuführen)
                                    + Dokument-Typen (zu bearbeiten)
                                    + Rollen   (Aktivitäten ausführen)
    Vorgangsbearbeitung = Vorgangs-Instanz
                                        - wird aus Typ erzeugt
                                        - repräsentiert Bearbeitg.

Es wurde bereits angesprochen, die Basis der Funktionalität ist ein Prozessmodell. Herkömmlich wird ein solches Modell in einem Baustein vordefiniert und bleibt für die Einsatzzeit des Softwareprodukts unverändert. Um größere Flexibilität bei der Anwendung erreichen zu können, wird gegenwärtig daran gearbeitet, in Groupware integrierte Prozessmodelle anpassbar zu gestalten.

Das Urbild des Informationsaustausches zwecks Kooperation ist die Kommunikation des Menschen bei zielgerichteter Arbeit. Auf dieser Grundlage entwickeln Winograd und Flores (1986) ein Schema als Vorlage für das wohl am meisten akzeptierte Prozessmodell. Mit den nachstehenden Merkmalen wird die Essenz dieses Ansatzes charakterisiert.

Kommunikation (Winograd & Flores, 1986)
- Sprachliche Äußerungen lassen sich aus semantisch elementaren Einheiten zusammensetzen
- Elementare Einheiten beschreiben Objekte und Beziehungen
- Sprachliche Äußerungen unterliegen (in vielen semantischen Domänen) bestimmten Regularitäten
  ⇒ Muster im Gebrauch der Sprache
- Basis der Programmierung ist das Ableiten und Beschreiben best. Muster der Konversation
- Ausgangspunkt ist das Erkennen einer semantischen Domäne

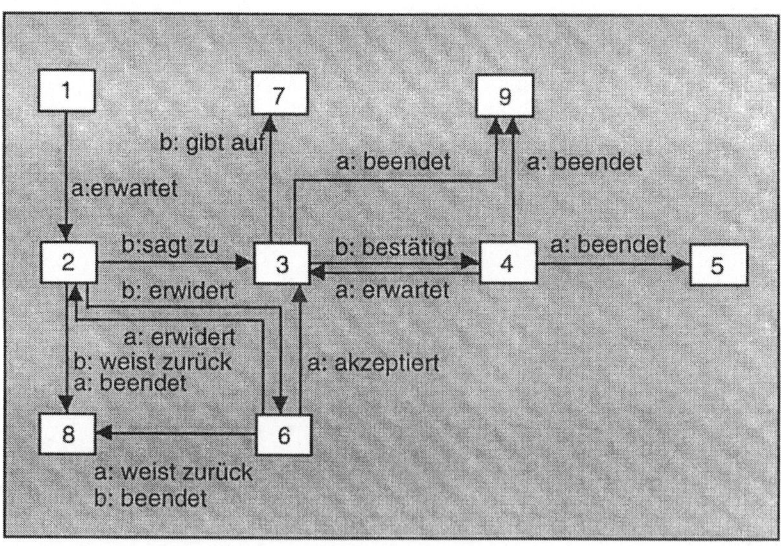

Abb.5.8 Grundmuster Kommunikation

Die hier relevante semantische Domäne ist kooperatives Handeln. Für diesen Bereich leiten Winograd&Flores nun ein Grundmuster der Kommunikation ab (Abb.5.8). Die nachfolgenden Anmerkungen erläutern die wesentlichen Aspekte dieses Grundmusters. Der zweite Teil dient dabei der Erklärung des Prozesses Kommunikation.

Erläuterung zum Grundmuster

- das Schema beschreibt das Grundmuster der Kommunikation
  als Zustandsübergangs-Diagramm
- die Kooperation besteht zwischen den Personen a und b
- die Zustände (Rechtecke) beschreiben den aktuellen Stand der
  Kommunikation
- die Übergänge stehen für Kommunikationsabschnitte
  ⇒ Speech Acts
- das Grundmuster spiegelt folgende Regularitäten wider

Regularitäten im Grundmuster

- Ausgangspunkt ist der Zustand 1
- A beginnt die Kommunikation mittels einer Anforderung
- Zustand 2 - Alternativen:
  - B sagt die Erfüllung der Anforderung zu   (Zustand 3)
  - B erwidert mit bestimmter Erläuterung   (Zustand 6)
  - B weist die Anforderung zurück   und
  - A gibt die Anforderung auf   (Zustand 8)
- Zustand 3 - Alternativen:
  - B meldet Erfüllung der Anforderung   (Zustand 4)
  - B 'patzt' - Kommunikation ist beendet   (Zustand 7)
  - A gibt die Anforderung auf   (Zustand 9)
- Zustand 4 - Alternativen:
  - A sieht die Anforderung als erfüllt an   (Zustand 5)
  - A sieht die Anforderung nicht erfüllt   (Zustand 3)
  - A gibt die Anforderung auf   (Zustand 9)
- Zustand 6 - Alternativen:
  - A erwidert mit bestimmter Erläuterung   (Zustand 2)
  - A akzeptiert   (Zustand 3)
  - A weist die Erläuterung zurück   und
  - B stellt Kommunikation ein   (Zustand 8)
- 5,7,8 und 9 sind Endzustände, an denen die Kommunikation
  abgeschlossen ist

Basis der Entwicklung von Computerprogrammen ist nach dem soeben diskutierten Ansatz das Ableiten und Beschreiben von regulären Wiederholungen, also solcher

Muster wie vorstehend und deren Einordnung in die entsprechende semantische Domäne. Mit dem eben diskutierten Schema wird demzufolge eine semantische Grundlage für CSCW gebildet.

Um zu verdeutlichen welcher Art die Zusammenhänge nun zwischen geregelter Kommunikation und der Steuerung von kooperativen Systemen sind, wird ein von Adametz u.a. (1996) entwickelter Ordnungsrahmen benutzt (Abb.5.9). Ausgangspunkt ist die oben dargelegte Funktion von Sprechakten, welche zu Verpflichtungen führen. Zu deren Erfüllung bedarf es in aller Regel der Bearbeitung von Aufgaben, die in Arbeitsabläufe eingebettet sind. Dabei werden Dokumente oder auch stoffliche Materialien bearbeitet. Und insgesamt sind in Körperschaften organisatorische Regelungen vorhanden, die jede der Komponenten in dieser Ordnung beeinflussen.

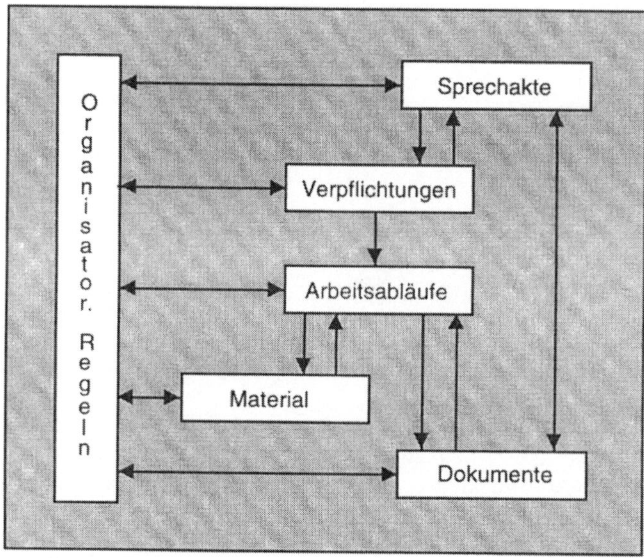

Abb.5.9 Ordnungsrahmen

Es wird nun deutlich, dass Prozessmodelle auf verschiedene Ausgangssituationen aufsetzen. Für die Anwendung der entsprechenden Groupware ist besonders wichtig, wie adäquat der Arbeitsprozess der Benutzer unterstützt wird. Und dabei sind Relevanz der Funktionen und Flexibilität in der Gestaltung von Arbeitsabläufen erfolgskritische Faktoren. Die Ausgangssituationen werden nun in einer Tabelle (5.3) systematisiert. Herauszuheben ist das Grundschema der Kommunikation als Vorlage für ein Prozessmodell wegen seiner Universalität. Die Kombination von Vorgangs- und Kommunikationssteuerung löst das starre Schema der Kommunikation auf, indem

◆ jederzeit vom vorgegebenen Prozessmodell abgewichen werden kann, vorausgesetzt weitere Betroffene sind damit einverstanden. Die Abweichung wird mittels Kommunikation vereinbart.

◆ jederzeit auch ohne Bezug auf das Prozessmodell, d.h. ad hoc gearbeitet werden kann. Der jeweils nächste Arbeitsschritt wird mittels Kommunikation ausgehandelt und publik gemacht.

Eine solche Kombination als Prozessmodell wird von Adametz u.a. (1996) vorgeschlagen.

Generische Plattformen zielen darauf, bereits existierende Vorgangssteuerungssysteme weiter nutzen und sie kooperativ verwenden zu können.

PROZESSMODELLE

DIREKTE BESCHREIBUNG von Aufgaben und Schritten	- effizient - nicht veränderbar (während der Nutzung)
GRUNDMUSTER	Kommunikation als Prozessmodell - universell einsetzbar - starrer Ablauf
KOMBINATION	Vorgangs- und Kommunikations-Steuerung - universell einsetzbar - flexibler Ablauf möglich
GENERISCHE PLATTFORM zur Integration verschiedener Vorgangssteuerungs-Systeme	

Tab.5.3 Ansätze für Prozessmodelle

Ein wesentlicher Vorteil derartiger Kombination liegt darin, installierte Groupwaresysteme nicht ständig durch fortgeschrittenere ersetzen zu müssen. Vielmehr können Neuerungen durch Integration in die bestehenden Umgebungen erschlossen werden. Als Beispiel dafür steht VORTEL (Deiters, Lindert & Friedrich 1996).

Die technische Grundlage für die Realisierung von CSCW bringt zusätzliche Anforderungen mit sich. Mit dem Ziel, auch hier systematisch vorzugehen, unterscheiden wir zwei Fälle.

Fall 1 ist gegeben mit dem Merkmal, dass die Gruppe in einem LAN arbeitet. Mit dem Bild 5.10 wird dieser Umstand symbolisiert. Im Fall 2 hingegen arbeiten die Mitglieder einer Gruppe in verschiedenen lokalen Netzen. Damit erhöhen sich die Anforderungen deutlich. Lösungsansatz ist ein Schichtenmodell wie in Abb. 5.11 (vgl.Moser u.a.1996).

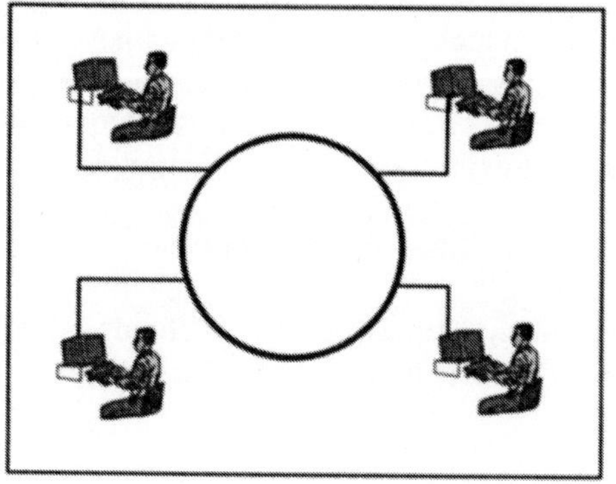

Abb.5.10 CSCW-Gruppe in einem LAN

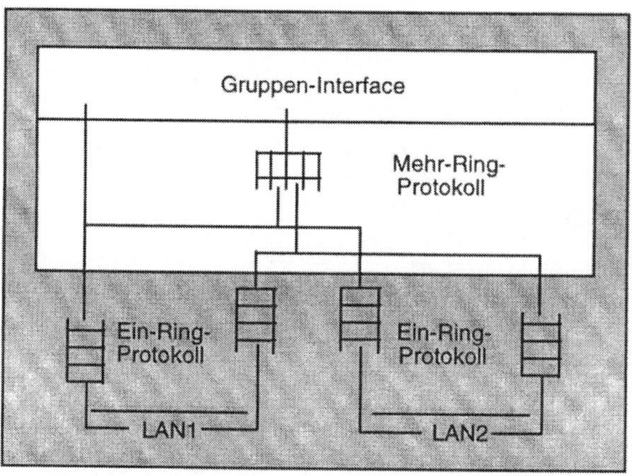

Abb.5.11 CSCW-Gruppe in mehreren LAN

Innerhalb dieser Variante ist dann eine weitere Differenzierung bezüglich der Verteilung von Mitarbeitern in der Gruppe zu den einzelnen Netzen erforderlich.

Differenzierung
- Mitglieder einer Teil-Gruppe in einem LAN
- Mitglieder einer Teil-Gruppe in verschiedenen LAN

Der erste Variante in unserer Unterteilung entspricht dem oben erörterten Fall 1. Für die zweite Variante (s. Abb.5.12) wird erhöhter technischer Aufwand und

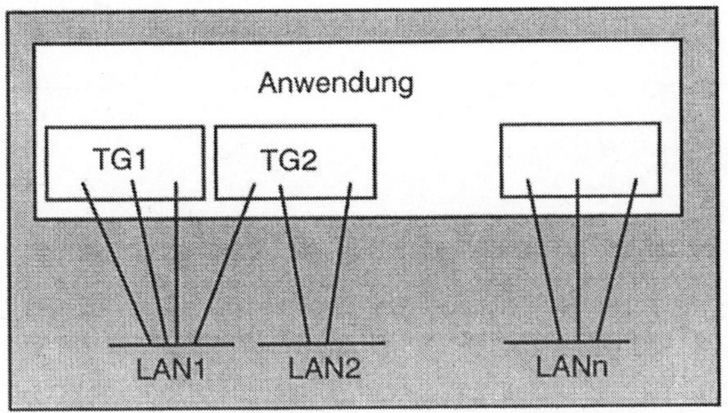

Abb.5.12 Mehrere CSCW-Gruppen in mehreren LAN

noch einige Forschungsarbeit benötigt. Diese richtet sich vor allem darauf, Strategien für eine sichere Kommunikation unter Berücksichtigung der Fehleranfälligkeit von Komponenten zu entwickeln.
Zusammengefasst werden Workflowsysteme nun durch eine Reihe spezifischer Merkmale charakterisiert.

Workflowsysteme

Aufgabe	Steuerung von Vorgängen über mehrere Arbeitsstationen hinweg
Teilaufgaben	Kommunikation, Koordination, Kooperation
Vorgang	Gesamtheit von Schritten zur Bearbeitung einer Aufgabe (im Anwendungsbereich)
Modellierung	von Vorgängen führt zum Prozess- oder Vorgangsmodell

$\Rightarrow$ - Petri-Netz
- Scriptsprache
- ...

5.3 Lotus Notes

Als Beispiel für die Arbeit mit Groupware wird an dieser Stelle Lotus Notes gewählt. Ein beachtlicher Teil der Funktionalität dieses Softwarepakets ist in vorgefertigten Bausteinen verfügbar. Einige davon werden nun als Beispiel benutzt, um wichtige Merkmale zu diskutieren und nach Möglichkeit wieder auf grundlegende Konzepte zurückzuführen.

$$\text{Entw.-Umgebung} = \quad \text{Lotus Notes} \\ + \ldots$$

Für die Kommunikation wird in Lotus Notes der Funktionskomplex bzw. Baustein Notes Mail bereitgestellt. Hiermit wird der Austausch von Nachrichten zwischen den Mitgliedern einer Gruppe oder auch anderer Gruppen unterstützt.

$$\text{Nachricht} \quad = \text{Mail Memo} \\ + \text{Daten}$$

Eine Nachricht kann dabei z.B. auch ein umfangreiches Dokument o.ä. sein.

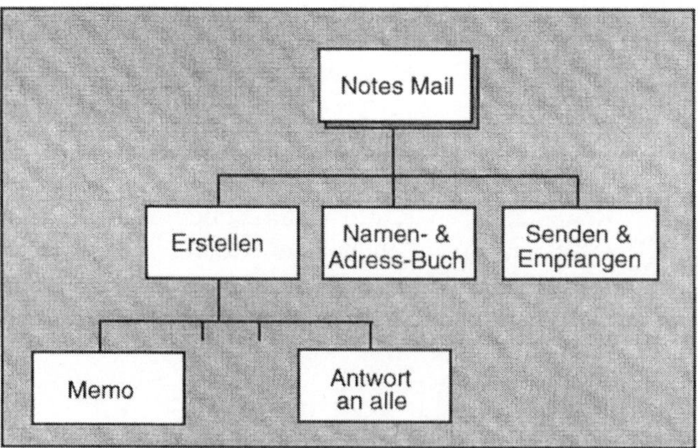

Abb.5.13 Bausteine in Notes Mail

Den Überblick zu den Bausteinen in Notes gibt unsere Zusammenstellung 5.14 (Notes Mail ist nicht mehr enthalten).

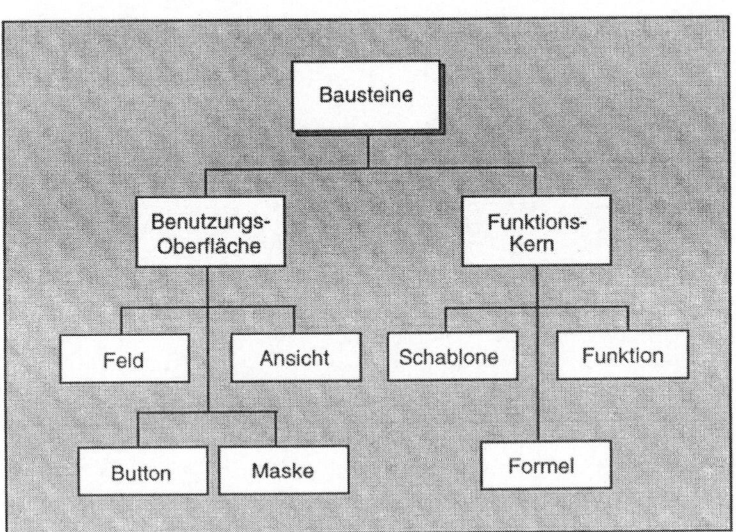

Abb.5.14 Notes-Bausteine

Für das Anwendungsfeld Dokumentenverwaltung werden die Funktionen von Lotus Notes im ersten Schritt in zwei Gruppen unterteilt. Die eine Gruppe umfasst Operationen, welche sich auf eine Datenbank als Gesamtheit bezieht, und die andere betrifft Dokumente als Operanden der Funktionen. Im Komplex Datenbank wird dann auf der nächsten Verfeinerungsstufe ebenfalls auf die Operanden Bezug genommen. Dazu folgende Erläuterung.

Maske	Bildschirm-Layout zur Arbeit mit DB-Eintragungen (Dokumenten)
Ansicht	Inhaltsverzeichnis der Dokumente in der DB
Schablone	Schema zur Strukturierung der DB

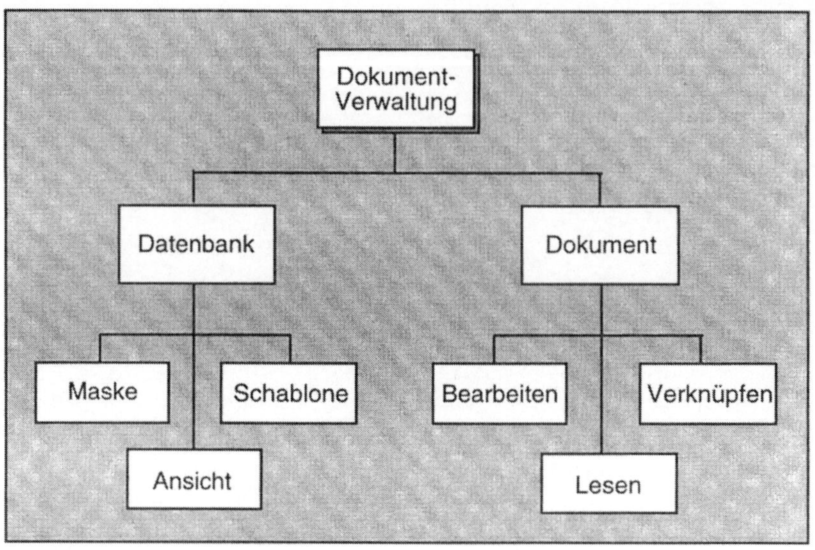

Abb.5.15 Funktionen Dokumentverwaltung

5.4 Architekturprinzipien

Architektur betrachten wir als Einheit aus Komponententypen und Art der Beziehungen zwischen ihnen (System als White-Box). Die Komponenten geben an, was zu berücksichtigen ist. Die Beziehungen zeigen, wie eine Realisierung erfolgt. Die Kategorien für Komponenten sind aus dieser Sicht Anwendungsfunktionen und die Ablaufsteuerung. Und bei der Ablaufsteuerung reicht die Bandbreite der Abstraktion von den Speech Acts bis hin zu elementaren Eingaben des Benutzers und Ausgaben des Informationssystems.

Als Beziehungen relevant sind im Moment die Verbindungen zwischen den Komponenten unterschiedlicher Kategorien. So lassen sich Teilaufgaben der Anwendung und damit verbundene Ablaufsteuerung innerhalb von Modulen, d.h intra-modular realisieren. Oder sie werden in getrennten Modulen implementiert und die Beziehung zwischen diesen Bausteinen inter-modular eingerichtet.

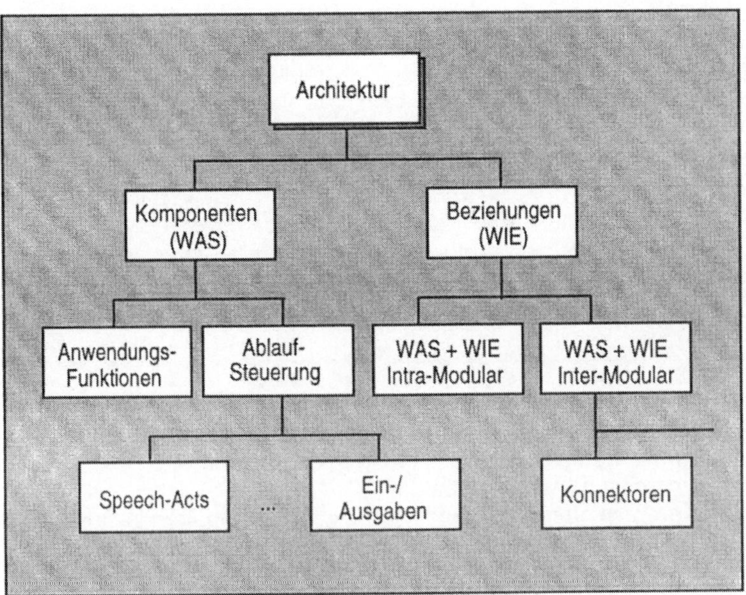

Abb.5.16 Architekturaspekte

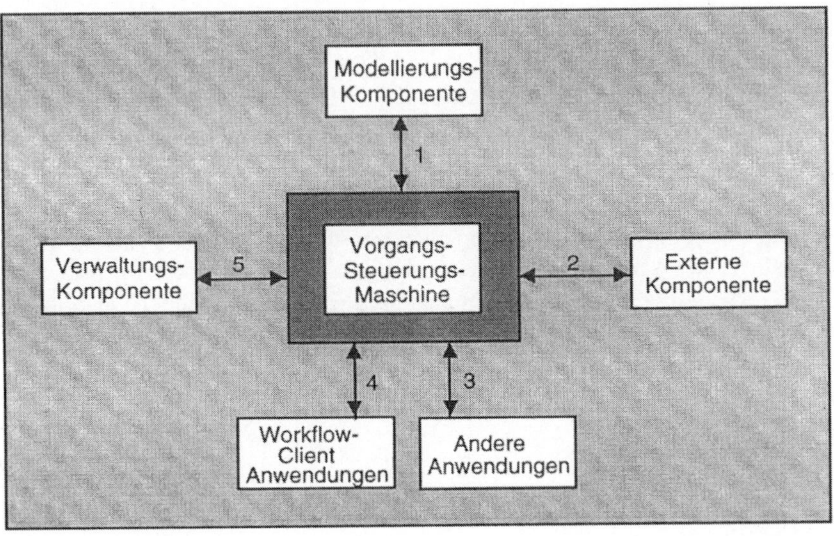

Abb.5.17 Referenzmodell Workflow Management

Die mögliche Variabilität sowohl bei der Modellierung als auch bei Implementierungen von Workflowsystemen wurde bereits angesprochen. So kann es nicht ausbleiben, nach Verallgemeinerungen und grundsätzlichen Mustern auch in diesem Fall zu suchen. Für die erste Zerlegung in Funktionskomplexe wurde ein Referenzmodell für Workflowsysteme entwickelt (vgl. Eckert 1995).

Die einzelnen Komponenten und ihre Beziehungen untereinander werden durch einige Anmerkungen kurz erläutert.

Die Verbindung zwischen der Vorgangssteuerungsmaschine (Prozessmaschine) und den anderen Komponenten wird über eine standardisierte Schnittstelle mit der Bezeichnung WAPI - Workflow Application Programming Interface - hergestellt. Die Übergänge 1-5 weisen auf die Kategorien von Komponenten hin, die konzeptionell Workflowsysteme ausmachen sollen.

Komponenten-Kategorien

1. Komponenten zur Modellierung und Definition von Prozessen (Arbeitsabläufen)
2. Komponenten zur Unterstützung von Teilaufgaben im Arbeitsprozess
3. Komponenten außerhalb des Workflowsystems
4. Komponenten zur Verknüpfung von Workflow-Systemen
5. Komponenten zur Überwachung und Verwaltung des Workflowsystems

---

Die Verfeinerung des Referenzmodells in Richtung Realisierung macht auch in diesem Fall die Diskussion über eine Architektur erforderlich, die zweckmäßig, hinreichend verallgemeinert und generisch ist, um möglichst vielen Anforderungen gerecht werden zu können.

Die wichtigste Anforderung ist sicherlich, dass kooperative Systeme so angelegt sein müssen, dass bestimmte Schichten von allen gemeinsam benutzt und andere Ebenen für jeden einzelnen Anwender der Gruppe eingesetzt werden können. Dies bedeutet die Replikation der Komponenten bestimmter Ebenen für jeden Benutzer. Das entsprechende Architekturmodell wurde von Dewan (1995) vorgeschlagen.

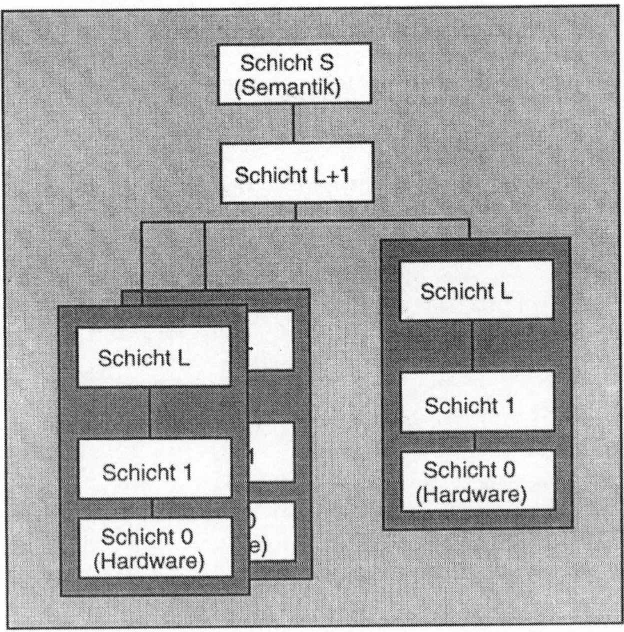

Abb.5.18 Architekturmodell (nach Dewan)

Die Bausteine werden in diesem Modell in Schichten angeordnet, eine Organisation, die weithin akzeptiert ist. Die Zahl der Schichten ist nicht festgelegt (generische Möglichkeit). Das entscheidende Merkmal dieses Architekturmodells ist die Wiederholung einer bestimmten Gruppe von Schichten für jeden Benutzer des Workflowsystems. So gibt es z.B. bei einer Installation von Lotus Notes die Schichten des Servers einmal, und die Komponenten der Workstation wiederholen sich auf jedem Arbeitsplatz.

Zwischen den Bausteinen gibt es Informationsflüsse - Ausgaben, Eingaben, Steuerung - welche in die Darstellung noch nicht aufgenommen worden sind.

Schaut man nun aus funktionaler Sicht auf die Schichten, so wird folgende Aufgabenverteilung innerhalb von Workflowsystemen zweckmäßig.

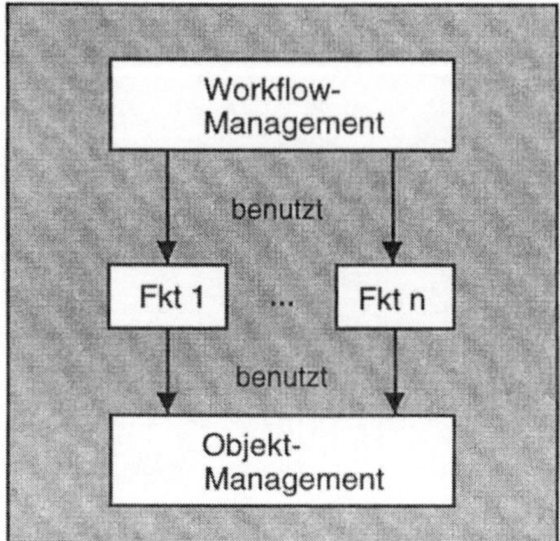

Abb.5.19 Schichtenmodell

Mit der Erhöhung der Anzahl der Bausteine wird die Ablaufsteuerung komplexer. Das führt zu der Überlegung, die Differenzierung in spezifische Bausteine weiterzuführen. De Paoli & Sosio (1996) schlagen eine Aufbauorganisation vor, die

- ◆ erstens auf Architekturkonnektoren zurückgreift und
- ◆ zweitens deren orthogonale Zuordnung vorsieht.

Konnektoren sind Softwarekomponenten, deren Aufgabe einzig die Realisierung von Kommunikation zwischen anderen Bausteinen in der Architektur ist. Daraus können sich folgende Vorteile ergeben:

- ◆ Ein Konnektor bildet die Brücke zwischen einmal auftretenden und mehrfach erforderlichen Schichten und steuert so die Mehr-Platz-Arbeit.
- ◆ Konnektoren werden zu spezifischen Bausteinen für die Kooperation in Groupware.

Die Anbindung der spezialisierten Komponenten ergibt dann nach de Paoli & Sosio das nachstehende Architekturmuster.

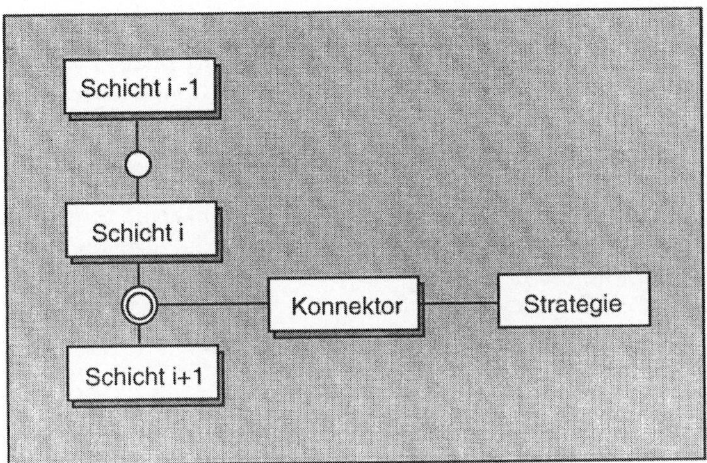

Abb.5.20 Orthogonale Architektur

In dem entwickelten Modell zeigt die Vertikale die Aufeinanderfolge von Schichten aufgabenbezogener Funktionsbausteine einschließlich entsprechender Ablauflogik. In der Horizontalen sind die nun auf Kooperationsaktivitäten zugeschnittenen Komponenten angeordnet. Auf diese Weise werden Spezialisierung zwischen den Bausteinen und Flexibiltät im Gesamtprodukt weiter erhöht.

Für die Entwicklung einer entsprechenden Architektur sind dann folgende Schritte zweckmäßig:

- Extraktion von Ablaufsteuerung und Realisierung in eigenen Modulen
- Ableitung von Konnektoren
- Orthogonale Anbindung der Steuermodulen an Konnektoren.

Einen vergleichbaren Weg bei der Entflechtung von Aufbau- und Ablauforganisation geht Coutaz (1996). Ausgangspunkt ihrer Überlegung ist die Einteilung in die Hauptfunktionen. Zur Durchführung von Gruppenarbeit auf der Grundlage eines Computereinsatzes bedarf es im Rechner der Funktionskomplexe

- Produktion, d.h. aufgabenrelevante Arbeit
- Kommunikation zwischen den Gruppenmitgliedern
- Koordination der Arbeit.

Dieses funktionale „Kleeblatt" muss nun innerhalb der einzelnen Schichten des Architekturmodells berücksichtigt werden. Dazu ist eine Erweiterung dieses Modells erforderlich. Die Problematik Benutzungsschnittstelle wiederholt sich in verschiedenen

Schichten und ist somit integraler Bestandteil der Architektur. Der Vorschlag von Coutaz sieht Folgendes vor.

♦ Das Grundmuster der funktionalen Zerlegung ist das PAC-Modell. PAC steht für Presentation - Abstraction - Control. Es ist eine andere Form der funktionalen Dreiteilung für interaktive Systeme. Im Vergleich mit MVC sind in PAC die Aufgaben etwas anders verteilt und die Informationsflüsse zwischen den Bausteinen erweitert worden. (Die Steuerung wird in Control konzentriert. Presentation ist sowohl für die Ausgaben als auch die Behandlung der Eingaben verantwortlich.)
♦ Die PAC-Aufgabenverteilung wird auf Replikation, gemeinsame Nutzung und Kommunikation von Komponenten im Architekturmodell von Dewan angewandt.
♦ Die funktionale Zerlegung und damit die Ableitung der erforderlichen Agenten wird an der Kombination von PAC und „Kleeblatt" orientiert. Somit ergibt sich für Coutaz eine Aufteilung von Softwarebausteinen gemäß der Abbildung.

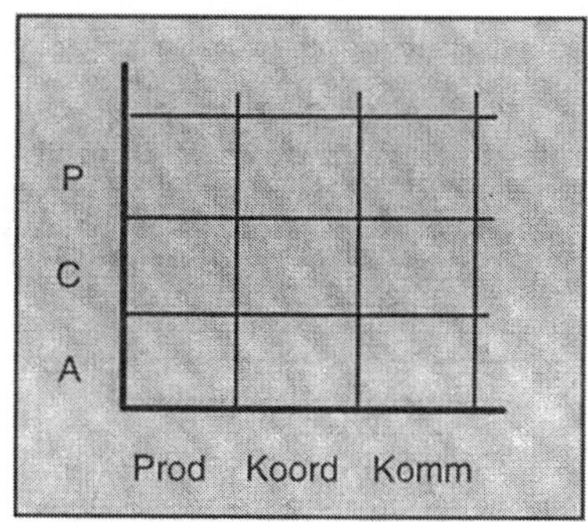

Abb.5.21 Ableitung Bausteintypen

Dieser Vorschlag zur Weiterentwicklung der Architektur zwecks Erfüllung der Anforderungen bedarf noch der Bestätigung durch die Praxis der Softwareentwicklung. Er zeigt jedoch recht klar Probleme der Gestaltung von Workflowsystemen und Ansatzpunkte zur Behebung.

Kapitel 6

Multimedia-Anwendungen

6.1 Einführung

Die Bezeichnung Multimedia weist uns auf die Kombination verschiedenartiger Medien hin. Zur weiteren Verständigung zum Begriff wird nun diese Kombination präzisiert und definiert. Ausgangspunkt ist die Beziehung:

> Multimedia = statisches + dynamisches Medium

Multimedia-System
bedeutet die rechnergesteuerte Verarbeitung von Daten, die in mindestens einem diskreten (zeitunabhängigen) und einem kontinuierlichen (zeitabhängigen) Medium digital kodiert sind. Ein solches System umfasst Erzeugung, Manipulation, Darstellung, Speicherung und Austausch solcher Daten.

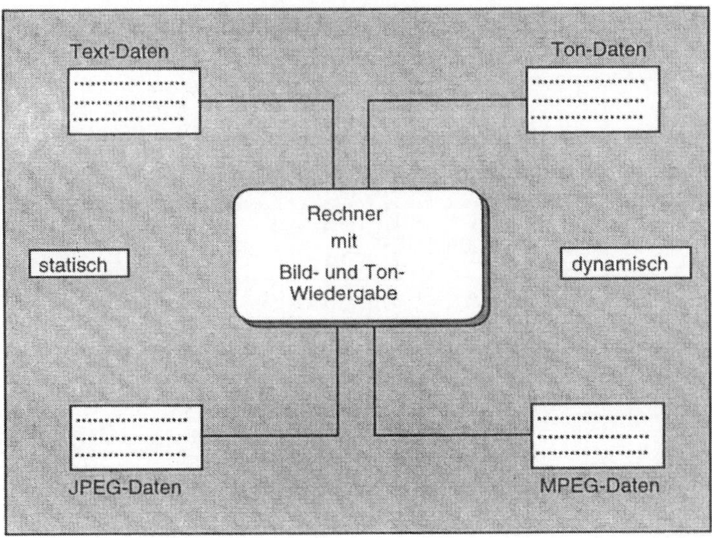

Abb.6.1 Schema Multimedia

Multimedia-Anwendung bedeutet nun, „gleichzeitiger" Start der einzelnen Dateien. Damit stürmen Informationen über unterschiedliche Kanäle auf den Menschen ein; nicht immer zu seinem Nutzen oder gar ihn zu erfreuen. Dem Menschen wird die Möglichkeit angeboten, auf verschiedenen Wegen zu reagieren, zum Beispiel mittels Tastatur, Maus, Mikrofon oder Touchsrcreen. Ein wichtiges Merkmal von Multimedia-Anwendungen ist also eine Mensch-Computer-Interaktion von neuer Qualität. Somit richten sich auch neue Anforderungen an den Entwickler solcher Anwendungen.

Multimedia = Mensch-Rechner-Interaktion (in neuer Qualität)

In einem zweiten Schritt werden die Komponenten für multimediale Anwendungen etwas weiter aufgefächert. (Abb. 6.2).

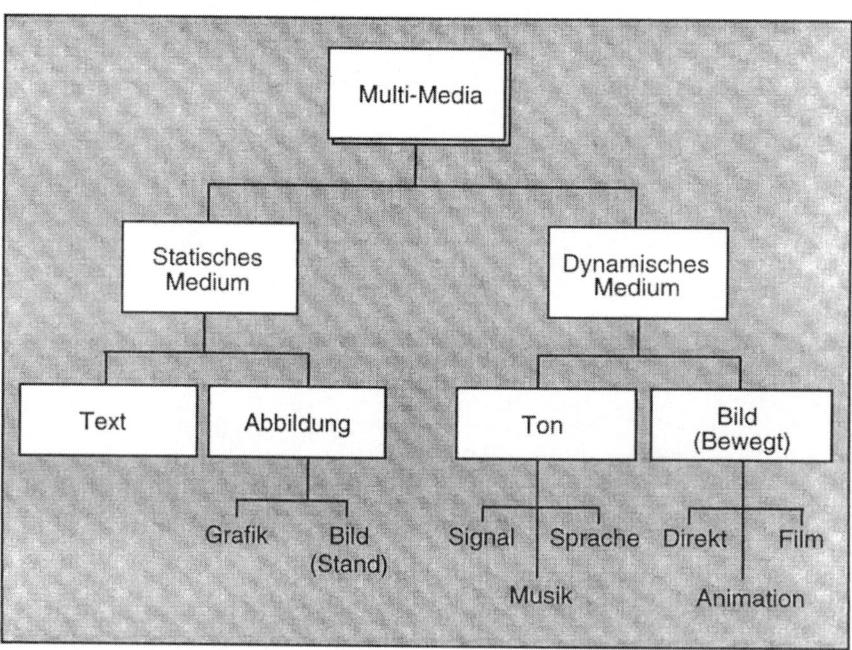

Abb.6.2 Multimedia-Komponenten

6.2 Psychologische Aspekte der multimedialen Informationsverarbeitung

Die Beobachtung von Experten und unsere persönliche Erfahrung machen eine ständige Informationsüberlastung deutlich. Überlast heißt, die dargebotene Information wird nicht mehr (bewusst) verarbeitet. Nach Angaben in Hasebrook (1995) sind folgende Anteile bereitgestellter Information Überlast

> 99 %   Rundfunk
> 97 %   Fernsehen
> 94 %   Zeitschriften
> 92 %   Zeitungen

Somit ist als Forderung abzuleiten, dass multimediale Anwendungen die Überlastung keineswegs verstärken, sondern sie reduzieren sollten. Kann dies erreicht werden, und wenn ja, wie?

Um hier ernsthafte Argumente zusammentragen zu können, wird zunächst ein Fundament gelegt. Bereits ein kurzer Blick auf die psychologischen und kognitiven Merkmale der menschlichen Sinneswahrnehmung bringt uns zu folgenden Überlegungen:

- ◆ Adäquate Multimedia-Anwendung übersteigt die Kompetenz der Informatik.
- ◆ Die Informatik ist in der Lage, geräte- und softwaretechnische Komponenten von Multimedia verfügbar zu machen. Da adäquat aber aufgabenangemessen und benutzerbezogen bedeutet, wird die Informationsverarbeitung des Menschen zum entscheidenden Faktor.
- ◆ Sinneswahrnehmung und damit verbundene Informationsverarbeitung liegen als wissenschaftlicher Gegenstand außerhalb der Informatik. Sie sind Gegenstand der kognitiven Psychologie.
- ◆ Dies führt zu der Schlussfolgerung:
  Multimedia-Anwendungen müssen auf Erkenntnissen der kognitiven Psychologie und ergänzenden wissenschaftlich fundierten Beobachtungen basieren.

Das Ergebnis der angestellten Überlegungen wird mit der Abbildung 6.3 unterstrichen.

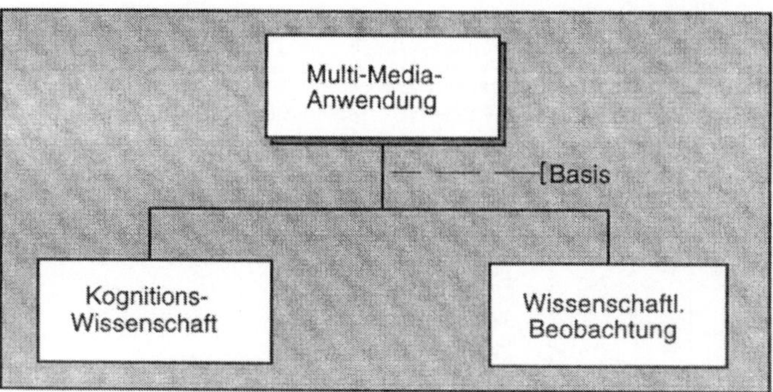

Abb.6.3 Basis für Multimedia-Anwendung

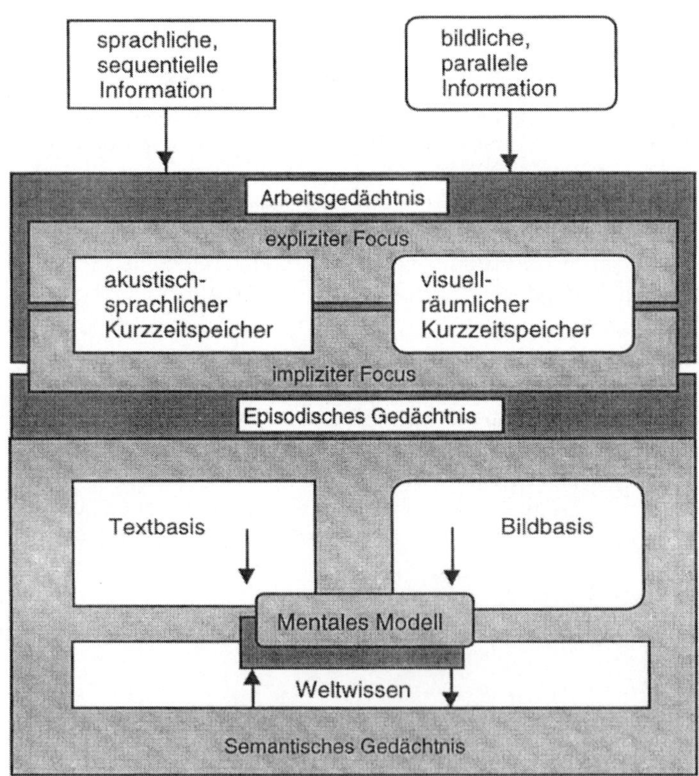

Abb.6.4 Modell Multimedia-Verarbeitung

Hasebrook (1995) hat ein Schema abgeleitet mit dem es gelingt, große Teile von Annahmen und beobachtbaren Ergebnissen von Untersuchungen zu multimedialer Informationsverarbeitung zu erklären. Zu beachten ist bei der Arbeit mit einem solchen Modell, dass Schema und reale Situationen differieren, ja dass sogar die Vorgänge von Individuum zu Individuum variieren.

Damit wird die Präsentation von Informationen in einer multimedialen Gegebenheit zu einem zentralen Problem.

Problem   Welche Form der Darstellung ist für die multimediale Informationsverarbeitung vorteilhaft?

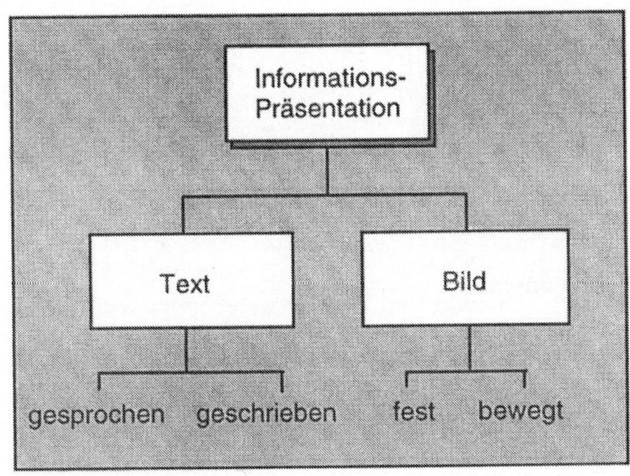

Abb.6.5 Präsentationsformen

Um dieses Problem erfolgversprechend bearbeiten zu können, wird bevorzugt ein Weg der Art beschritten, wie er nachstehend als Ansatz skizziert ist. Dabei stellen sich, ausgehend von den anfänglichen Teilproblemen, schrittweise detailliertere Fragen. Die Antworten sind z.B. Lerntheorien, also unter Umständen komplexe Aussagengefüge.

Ansatz   - Multimediale Präsentation
⇒   Welche Kombinationen sind wann günstig?
(Auf keinen Fall gilt: Viel hilft viel!)
Bild + Text   nacheinander
⇒ in welcher Reihenfolge?
Bild + Text   gemeinsam
⇒ welche Verküpfung?

Die Abbildung 6.6 führt zu einem qualitativen Zusammenhang zwischen Lernform und Lerninhalt.

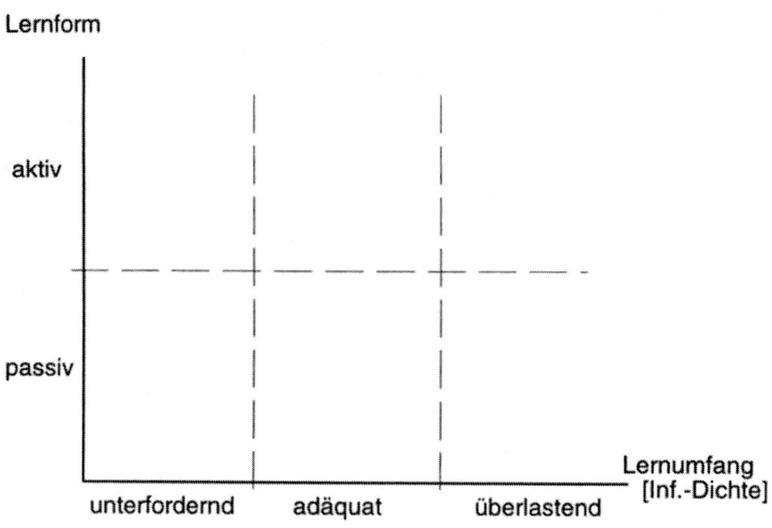

Abb.6.4 Lernform und Lerninhalt

6.3 Autorensysteme

Als Autorensysteme wird ein Typ von Werkzeugen bezeichnet, mit dem der Softwareentwickler als „Autor" Anwendungen mit stark ausgeprägter Präsentationskomponente
erarbeitet.

AUTORENSYSTEME sind Software-Werkzeuge zur visuellen
Programmierung interaktiver, multimedialer
Anwendungen.

Aus der eingeführten Begriffsbestimmung lassen sich dann auch Anforderungen
bezüglich der Grundfunktionen ableiten, die in Autorensystemen verfügbar sind. Es
sind die beiden Hauptkomponenten

♦ Erzeugen von Informationsobjekten
♦ Einrichten von Beziehungen zwischen diesen Objekten.

Die Funktionsgruppe Erzeugen von Informationsobjekten umfasst eine Reihe von
Möglichkeiten zum Generieren und Ausstatten verschiedenartiger Objekte (Abb.6.7).
Als „Blätter" sind in der Abbildung Beispiele für die konkrete Ausformung der beiden
Grundtypen Medienobjekt und Interaktionsobjekt aufgeführt.

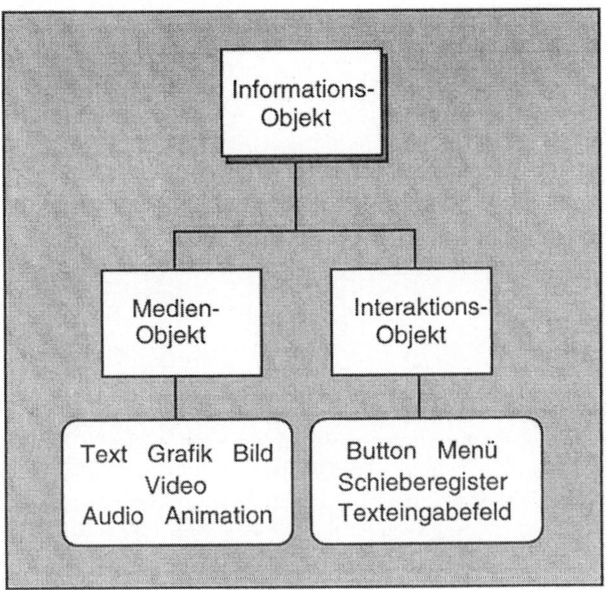

Abb.6.7 Informationsobjekte

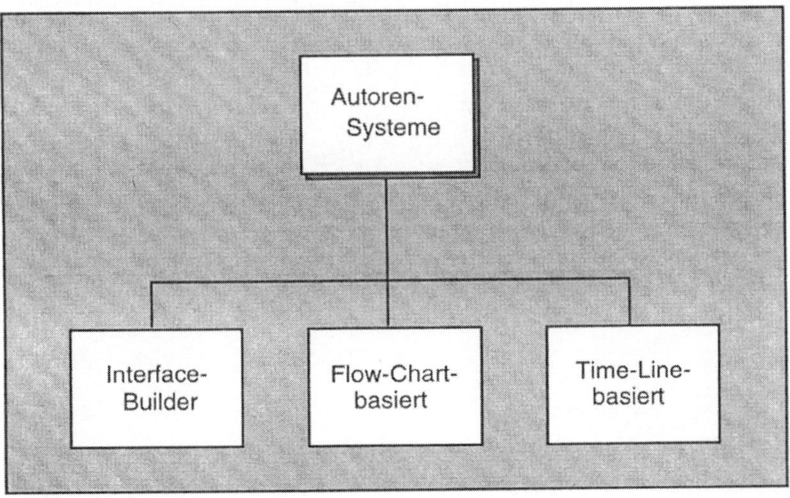

Abb.6.8 Differenzierung von Autorensystemen

Das Einrichten von Beziehungen betrifft vorrangig die Medienobjekte. Hier ist zu unterscheiden zwischen

- ♦ räumlicher Initialisierung   der Medienobjekte
- ♦ zeitlichen Beziehungen   zwischen Medienobjekten.

Diese eben vorgenommene Unterscheidung ist ein Kriterium für die Differenzierung von Autorensystemen. Das heißt verschiedenartige Konzepte zur Behandlung von Initialisierung und zeitlicher Ordnung bilden die Grundlage für unterschiedliche Typen von Autorensystemen (s.Abb.6.8).

6.4 Interface-Builder

In Fortführung der Diskussion zu Autorensystemen wird nun die Verwendung von Interface-Buildern im Zusammenhang der bausteinbasierten Softwareentwicklung betrachtet. Hier wird bereits durch die Bezeichnung der Werkzeuggruppe auf die deutlich ausgeprägte Präsentationskomponente des Informationssystems hingewiesen. Zur Illustration der Arbeit mit Interface-Buildern wird auf ToolBook Bezug genommen. Da wir auch dies hier als Beispiel benutzen, soll nun keineswegs das Produkt im Detail vorgestellt, sondern das jeweilige Prinzip herausgearbeitet werden.

ToolBook wird als CASE-Tool mit unserem Schema wie folgt charakterisiert:

```
Entw.-Umgebung =   ToolBook
                   (mit   Paletten
                          Ressourcen Manager
                          Clip-Rahmen-Manager)
```

Die Architektur der Benutzungsschnittstelle, welche wir als Komponente unseres Informationssystems entwicklen, wird in diesem Fall mit den Elementen des nachstehenden Schemas beschrieben.

```
Schnittstelle   = Buch
                + Objekte
                + Scripte
```

Zunächst zu den Bausteinen Objekte, von denen eine Art das Buch ist. Als erster Schritt der Systematisierung erfolgt eine Unterscheidung in Typen in Abhängigkeit davon, wer bei der Entwicklung einer Anwendung den zugehörigen Baustein einfügt (Abb.6.9). Die Realisierung eines Projekts geschieht mittels der Schritte:

Start eines 'Projekts'
    - Anlegen der durch ToolBook eingefügten Objekte (automatisch)
    - von jedem eines
    - über Parameter änderbar
Realisierung des 'Projekts'
    - Hinzufügen der durch den Entwickler anzugebenden Objekte
    - der Aufgabe angemessen... .

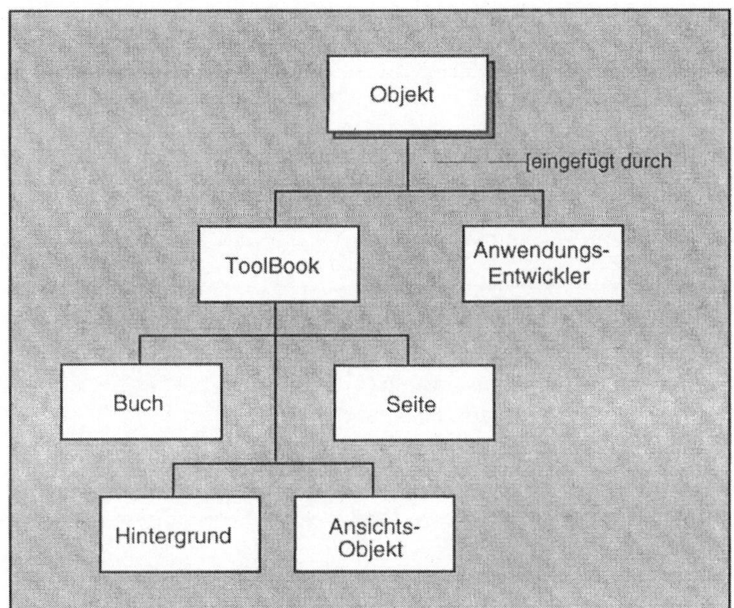

Abb.6.9 Grundtypen Bausteine

Der wesentliche Teil der Entwicklungsarbeit besteht demzufolge hier im Auswählen, Parametrisieren und Arrangieren der Bausteine, welche dem Buch vom Entwickler hinzugefügt werden.
Die Grafik in 6.10 zeigt dann die Objektgruppen, welche vom Entwickler beim Erarbeiten eines 'Buches' ausgewählt bzw. bereitgestellt und in die Anwendung eingebunden werden.

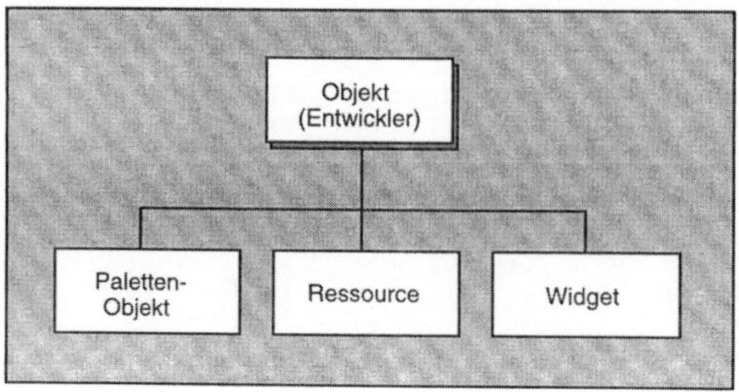

Abb.6.10 Objekttypen Entwickler

Diese Gruppen enthalten die View- bzw. jetzt auch Audio-Elemente unseres Informationssystems, das als Multimedia-Anwendung aufgebaut ist. View-Elemente als Bausteine sind in ToolBook zuerst Objekte, die auf dem Bildschirm (als Ganzes) sichtbar sind. Für die einzelnen Gruppen werden nun Vertreter zusammengestellt.

Paletten

    Hilfsmittel-Palette
    Vieleck-Palette
    Linien-, Linienenden-Palette
    Muster-Palette
    Farb-Palette

Widget-Katalog

    Aktionsschaltflächen,
    Antwortüberprüfung
    3D-Layoutelemente
    ...
    Mediaclips
    ...
    Zeitmesser

Ressourcen
Bitmap, Cursor, Menüleiste, Palette,
Schriftart, Symbol

Model- und Control-Bausteine werden in ToolBook mittels OpenScript erstellt. Die grundlegenden Elemente dazu fassen wir kurz zusammen.

Handler-Elemente
to get
to handle   <message name> [<parameters>]
<statements>
end   <message name>
to set

Die Syntax für die Botschaftsbearbeitungsfunktion weist mit <message name> auf den Bezeichner für das Ereignis, auf welches die Behandlungsroutine reagieren soll. Hinter **to get** und auch **to set** stehen zusätzliche benutzerdefinierte Funktionen zum Setzen bzw. Abfragen von Attributen, welche der Entwickler einfügt. Bei <statements> werden Anweisungen verwendet, wie sie zur Codierung von Model-Bausteinen zur Verfügung stehen.
Elemente für Model-Bausteine sind

♦ Steuer-Strukturen
♦ Statements (Kommandos)
♦ Built-in's

Steuer-Strukturen
Sequenz   Reihung von Statements
start spooler
linkDLL
Selektion   if-then-else
conditions
Iteration   while
do-until
step

Mit dem bisher Abgeleiteten sehen wir uns in der Lage, ein Arbeitsmodell für die Entwicklung von Multimedia-Anwendungen mittels ToolBook abzuleiten. Das

Procedere erlaubt natürlich auch hier wieder Rückführungen auf bereits ausgeführte Schritte und Wiederholungen in Schleifenform. Ungewohnt für Informatiker ist sicherlich der Schritt 1. Genau dieser ist aber ist ein Hinweis dafür, wie notwendig es ist, mit Vertretern anderer Disziplinen zusammenzuarbeiten.

Procedere
Schritt 1   Dramaturgie entwickeln
Schritt2   Layout entwerfen
             - Paletten   - Widgets   - MenuBar + Items
Schritt 3   Bildschirm-Objekte mit
             - Funktionalität ausstatten
                 • visuell
                 • Script
             - Multimedia-Daten verküpfen
                 • Ressourcen   ⇒ Resource Manager
                 • Clips   ⇒ Clip Manager
Schritt 4   zusätzliche Komponenten einarbeiten
Schritt 5   Anwendung fertigstellen
             ⇒ TBK
             ⇒ EXE

Ein letztmaliges Speichern des Ergebnisses unserer Entwurfsarbeit (Schritt 5) als EXE- oder TBK-Datei bringt uns die fertige Multimedia-Anwendung.

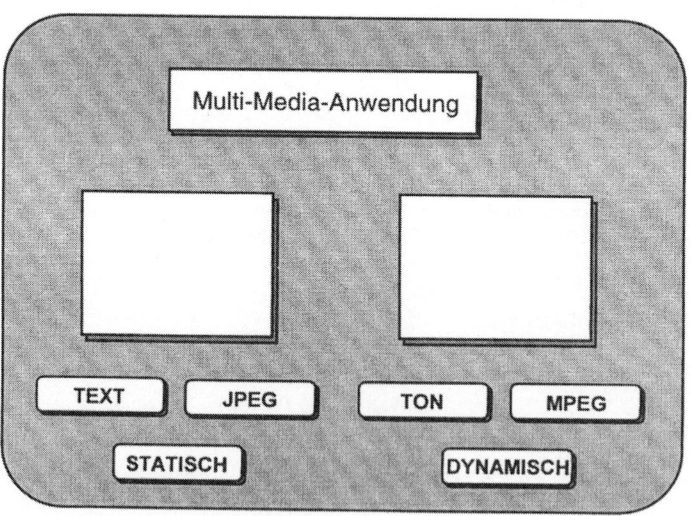

Abb.6.11 Layout für Beispielanwendung

Mit den nun vorliegenden Kenntnissen wird ein Beispiel entwickelt, welches die Hauptlinien der Arbeit mit Bausteinen in einem Autorensystem wie ToolBook nachzeichnet. Das Layout für diese sehr einfache Anwendung enthält die Abb. 6.11. Als Bildschirmobjekte sind im Layout ein Textfeld mit dem Text „Multimedia-Anwendung", zwei Clip-Rahmen und eine Reihe von Buttons platziert.

Mittels der Buttons wird demonstriert, was auf der Seite Computer unter dem Prinzip Multimedia zu verstehen ist. Durch Anklicken wird jeweils zu einer Botschaftsbearbeitungsfunktion verzweigt. In dieser Funktion wird nun jeweils eine Datei oder eine Kombination von Dateien gestartet. Auf diesem Wege werden Mono- bzw. Multimedia-Effekte erzeugt.

Die Bearbeitungsfunktionen werden, wie bereits erläutert, vom Entwickler der Anwendung als Scripte eingefügt. Die Zuordnung zwischen Button und Script erfolgt im Vollzug der Entwicklung direkt durch die Auswahl eines Bildschirmobjekts und Bearbeitung des unmittelbar damit verbundenen Fensters des Scripteditors. Die in unserem Beispiel eingesetzten Scripte werden nachstehend aufgeführt.

TEXT-Button
```
        to handle buttonClick
                request „      DEMONSTRATION TEXT-DATEN"
        end
```

JPEG-Button
```
        to handle buttonClick
                mmOpen bitmap „JPEG-Daten"
                mmShow bitmap „JPEG-DATEN" in stage „RJPEG1"
                pause    10       seconds
                mmClose bitmap „JPEG-DATEN"
        end
```

STATISCH-Button
```
        to handle buttonClick
                mmOpen bitmap „JPEG-Daten"
                mmShow bitmap „JPEG-DATEN" in stage „RJPEG1"
                request          „DEMONSTRATION TEXT-DATEN"
                pause    10       seconds
                mmClose bitmap „JPEG-DATEN"
        end
```

TON-Button
```
        to handle buttonClick
                mmOpen clip „TON-DATEN" wait
                get playSound (c:\terratec\audclips\sound\
                                applaus.wav")
        end
```

Fortsetzung Quelltext

MPEG-Button
```
    to handle buttonClick
            mmOpen clip „MPEG-DATEN" wait
            mmPlay   clip „MPEG-DATEN" in stage „RMPEG1"
                    autoclose
    end
```

DYNAMISCH-Button
```
    to handle buttonClick
            mmOpen clip „MPEG-DATEN" wait
            mmPlay   clip „MPEG-DATEN" in stage „RMPEG1"
                    autoclose
            mmOpen clip „TON-DATEN" wait
            get playSound (c:\terratec\audclips\sound\
                    applaus.wav")
    end
```

Quelltext Scripte

Die Architektur der aus der Arbeit mit einem Autorensystem wie ToolBook resultierenden Anwendung ist eine Kombination aus generiertem Programmskelett und entsprechend eingepassten Bausteinen. Die Abbildung 6.12 skizziert das Prinzip dieser Architektur.

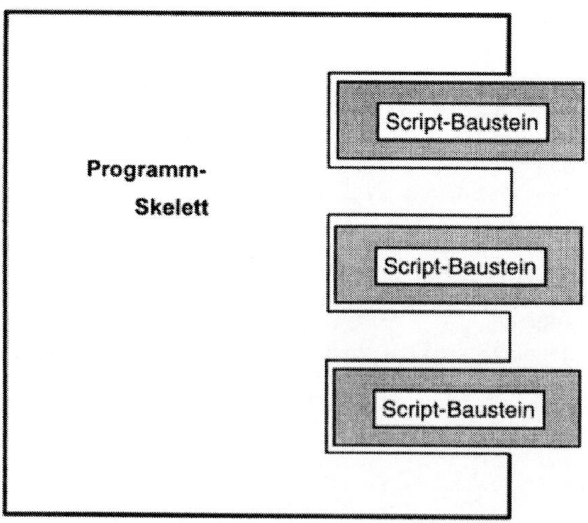

Abb.6.12 Anwendungsarchitektur

Die Organisation aller Objekte in einer ToolBook-Anwendung wird insgesamt durch eine Hierarchie realisiert.

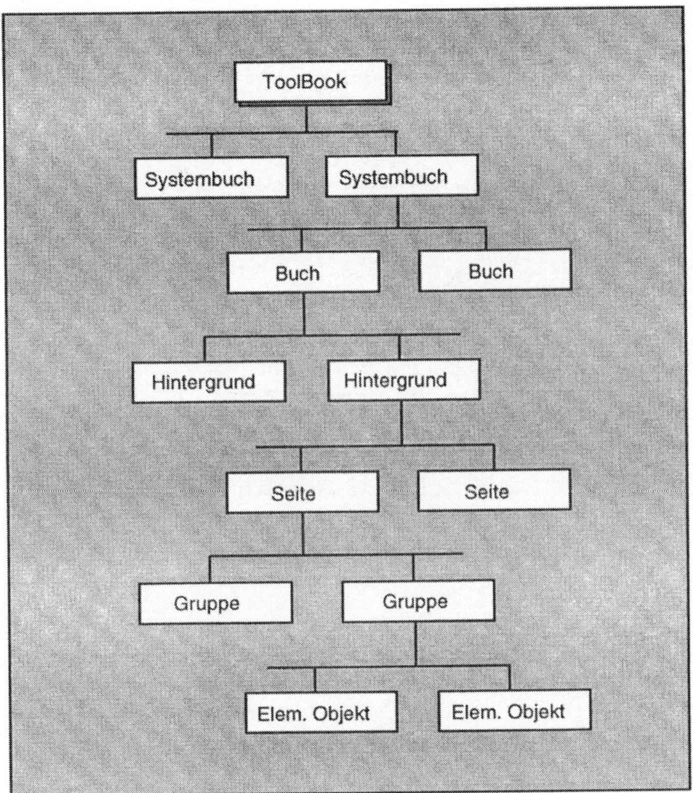

Abb.6.13 Objekthierarchie

6.5 Systemaspekte

Multimedia-Anwendungen sind zum Teil noch eng verzahnt mit maschinennahen Software- und mit Hardwarekomponenten. Für die Entwicklung von Anwendungen wichtige Aspekte sind dabei die

- Synchronisation von Multimedia-Elementen
- Integration von Multimedia-Komponenten.

Synchronisation betrifft die zeitlichen Beziehungen zwischen Medienobjekten zur Zeit der Ausführung. Um das Problem näher zu spezifizieren stützen wir uns auf ein Modell von Käppner (1997), welches die Architektur von Multimedia-Anwendungen in Ebenen ausführt.

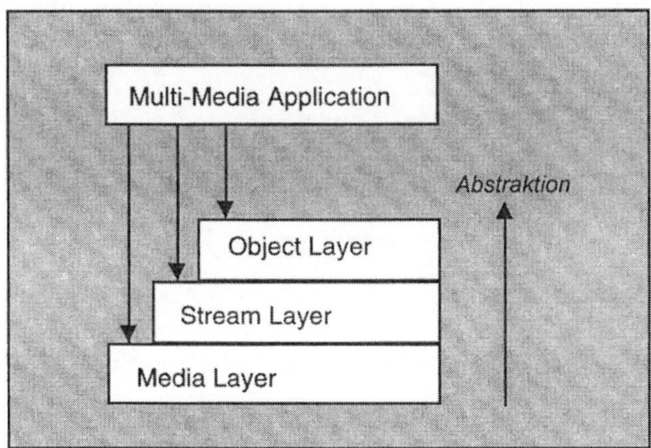

Abb.6.13 Ebenenmodell Multimedia-Anwendung

- Media Layer   Ebene der Medien
                         $\Rightarrow$ Intra-Synchronisation
- Stream Layer   Ebene der Datenströme
                         $\Rightarrow$ Inter-Synchronisation
- Object Layer   Ebene der Darstellung
                         $\Rightarrow$ Beziehungen zwischen Komponenten
                               einer Präsentation

Synchronisation, so zeigt uns die Erläuterung, ist auf verschiedenen Ebenen erforderlich. Synchronisation in unserer Diskussion bezieht sich auf die Abstimmung zwischen den Datenströmen. Das Problem besteht in diesem Fall in der zeitlichen Koordinierung der unterschiedlichen Daten, die in ihrer Kombination zu Multimedia führen.

In der Erklärung des Prinzips Multimedia haben wir zunächst von einem „gleichzeitigen" Start der einzelnen Dateien gesprochen. Ein kurzer Blick auf die Scripte des Beispiels legt jedoch sofort offen, dass mit dem derzeit dominierenden Rechnertyp Starts (sowie dann auch Stops) von Dateien nur aufeinanderfolgend ausgelöst werden können.

Zielsetzung für die Anwendungsentwicklung muss nun sein, gewünschte Kombinationen von Starts sowie auch Stops zwischen den Dateien unterschiedlicher Medientypen einstellen zu können. Ansätze für die Lösung dieses Problems sind in den Arten von Autorensystemen (s.Abb.6.8) deutlich verschieden.

Interface-Builder - so lässt die Bezeichnung schon vermuten - unterstützen vorrangig den Layout-Entwurf. Komponenten zur Synchronisation sind in aller Regel höchstens rudimentär vorhanden.

Time-Line-basierte Tools zur Entwicklung von Multimedia-Anwendungen behandeln die Synchronisation explizit. Das Prinzip ist folgendermaßen.

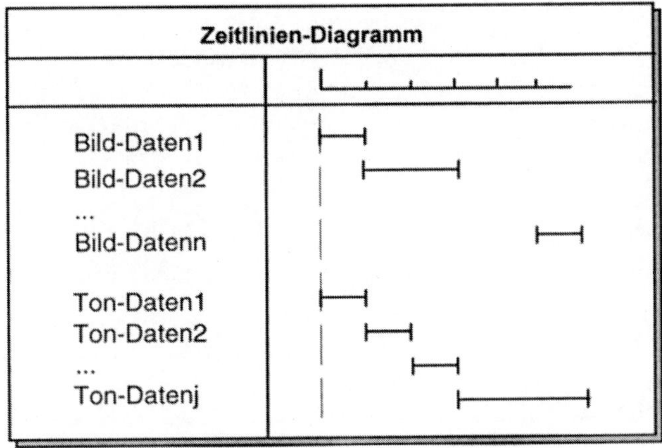

Abb.6.14 Prinzip Zeitlinienbasis

In einem solchen Diagramm werden die Daten für die Wiedergabe und die Zeitspannen ihrer Präsentation zusammengestellt. Zu erkennen ist, dass zunächst einmal Bild- sowie Tondaten für sich in ihrer Länge spezifiziert werden. Durch die Orientierung an Zeitpunkten erfolgt darüber hinaus jedoch auch eine Synchronisation vor allem zwischen Bild- und Tondaten. Die Zeitspannen ergeben sich aus der Länge der jeweiligen Zeitlinie, die Zeitpunkte für Start bzw. Stop der Präsentation sind durch die Zeitachse rechts oben bestimmt. Das SHOW-Programm von Corel ist ein Beispiel für die Synchronisation von Multimedia-Daten mittels Zeitliniendiagramm.

Die gesamte Spanne der Aspekte deutlich zu machen, die bei Multimedia-Entwicklungen zu bedenken sind, wird von Käppner (1997) mit einem Modell versucht.

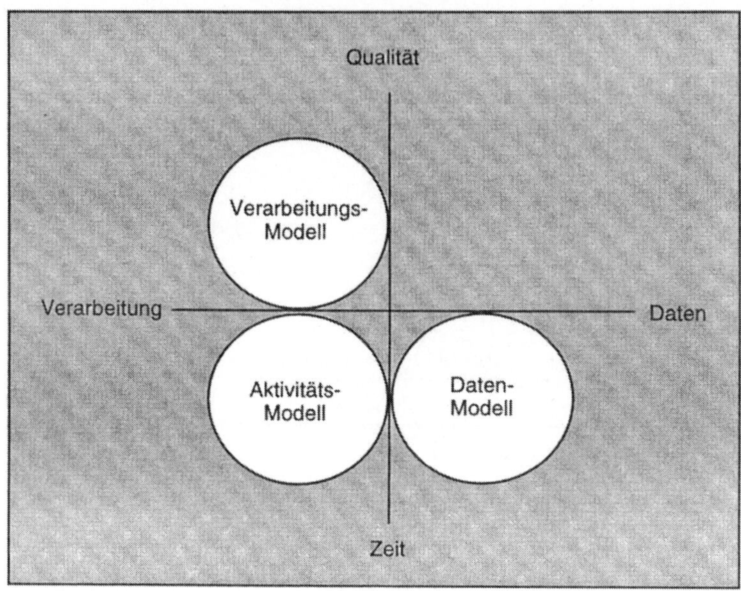

Abb.6.15 Modellierung der Aspekte (Käppner)

Verarbeitung
        Welche Verarbeitungsschritte werden durchgeführt?
        Welche Art von Hard- und Software führt die Verarbeitung aus?
        Welcher Rechnerknoten realisiert die Verarbeitung?
Daten   Welches Medium wird benutzt?
        Welche Kodierungsformate werden verwendet?
        Wie kann zugegriffen werden?
Zeit   Wann wird Verarbeitung gestartet, gestoppt?
        Welche zeitlichen Restriktionen sind einzuhalten?
        Wie wird Zeit für die Anwendung repräsentiert?
Qualität   Welche Priorität hat ein Datenstrom?
        Sind Qualitätsschwankungen zulässig?
        Welche Qualität erfordert die Synchronisation?

Teilmodelle der Aspekte

Die Gesamtheit enthält Teilmodelle, die sich durch Kombination jeweils zweier
Aspekte, die auf je einer Achse angeordnet sind, ergeben. Das Aktivitätsmodell ist
somit Schwerpunkt für die hier diskutierten Aspekte. Und Synchronisation ist sicherlich
zentrales Element in diesem Bereich. Temporale Spezifikation - als Basiskomponente

der Synchronisation - wird in einigen grundlegenden Ansätzen verfolgt:

- ◆ Formale Sprache:
  Führt zu Beschreibungsmitteln auf der Grundlage temporaler Logik oder Petri-Netzen.
- ◆ Zeitlinien:
  Visuelle zeitliche Ausrichtung
- ◆ Ereignis-Komposition:
  Hier finden wir   - binäre temporale Beziehung unter Verwendung von zeitlichen Relationen wie vor, nach, zusammen mit;
    - hierarchische Ordnung zeitlicher Ereignisse.

Die Ereigniskomposition wird von Ackermann (1997) in Verbindung mit dem Bausteinpaket für Multimedia-Anwendungen MET++ vorgeschlagen. Kern dieses Ansatzes ist die Überlegung, Ereignisse in Objekten abzubilden. Mit derartigen Objekten können dann hierarchische Strukturen und somit komplexe zeitliche Ordnungen entwickelt werden. Damit wird das Bausteinkonzept auch für die Behandlung der Synchronisation dem Softwareentwickler explizit verfügbar gemacht.

Anwendungen im Intra- und Internet

7.1 Intra- und Internet

Das Internet ist bekanntermaßen eine weltweite Verknüpfung von Rechnern und Rechnernetzen.

Als Intranet werden Rechnernetze in Einrichtungen - Unternehmen, Institutionen, Behörden - bezeichnet, welche in beträchtlichem Umfang mit Softwareprodukten genutzt werden, die ursprünglich für die Arbeit im Internet entwickelt wurden. Unter diesem Gesichtspunkt der Tools und Anwendungen werden die Grenzen zwischen Local Area Networks und Wide Area Networks zunehmend weniger deutlich wahrnehmbar. Die Arbeit im Intranet wird gegenwärtig vorzugsweise in einem 3-Ebenen-Modell organisiert und veranschaulicht.

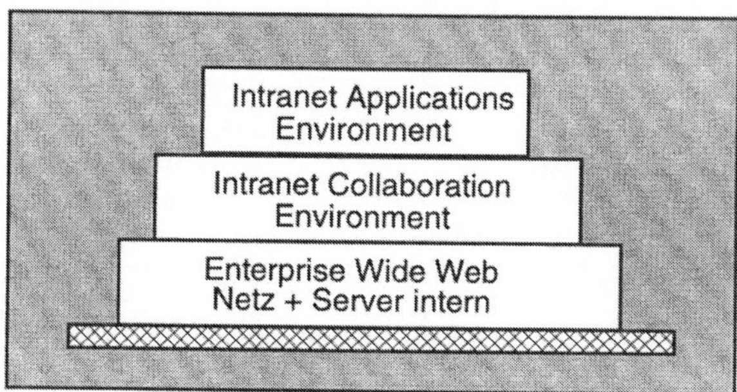

Abb. 7.1 Schichtenmodell Intranet

Für die untere Ebene bedeutet Intranet die Einführung des Internetprotokolls TCP/IP sowie die Bereitstellung eines Web-Servers. Auf der mittleren Ebene erfolgt die Verteilung von Dateien und Verzeichnissen für eine korporative Nutzung. Und auf der obersten Ebene sind dann die entsprechenden Anwendungen zu installieren.

Die Organisation der Arbeit sowohl im Inter- als auch im Intranet geht zurück auf ein bereits vor längerer Zeit entwickeltes Grundmuster kooperativer Arbeit, das Client-Server-Modell (vgl. Saleck 1997). Schaut man sich die Aufgabenverteilung im Rahmen des Schichtenmodells genauer an und setzt das Grundmuster in Bezug zum Intranet, ergeben sich Zusammenhänge wie in Abb.7.2 aufgeführt.

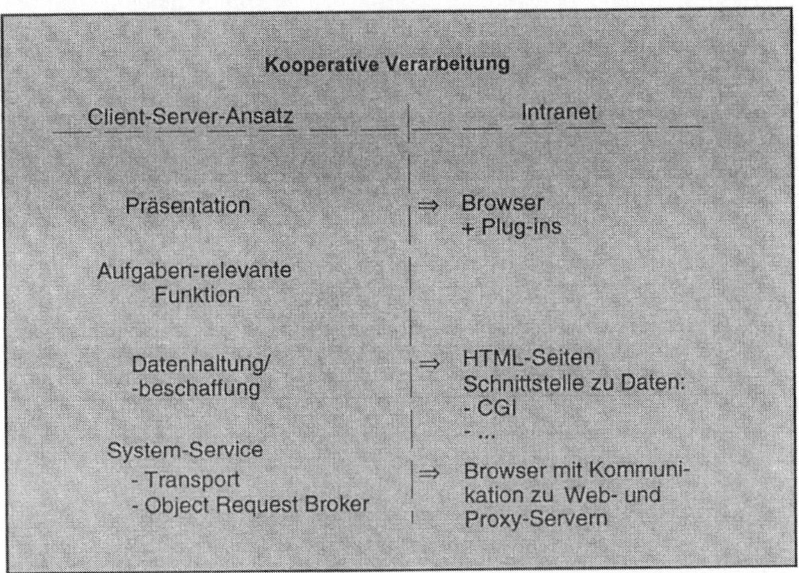

Abb.7.2 Funktionsebenen

Die Zusammenstellung zeigt, dass im Intranet (noch) Beschränkungen in Bezug auf die Funktionskomponenten existieren. Als grundsätzliche Arbeitsmittel wirken Browser für die Präsentation und den Transport. Das originäre Datenformat sind HTML-Seiten. Daraus leitet sich die gegenwärtig dominierende Einsatzmöglichkeit für das Intranet ab, nämlich die Informationsverbreitung in einem Unternehmen bzw. einer Einrichtung. Diese Einschränkungen zurückzudrängen gibt es derzeit sehr viele Ansätze, wie z.B. Plug-ins für unterschiedliche Datenformate. Es ist zu erwarten, dass auch diese Entwicklungen bald in geordnete Bahnen gelenkt werden und der Anwender sich Erweiterungen effektiv erschließen kann.

7.2 Verteilung von Objekten

Die Problematik der Verteilung von Objekten ergibt sich im Zusammenhang mit verteilter Verarbeitung.

Verteilte Verarbeitung
> heißt, Bausteine, welche auf verschiedene Rechner verteilt sind, werden zur Lade- bzw. Ausführungszeit zu einem Programm zusammengefügt.

Zunächst einmal ist ein Objekt vom Typ lokal. Es ist erarbeitet in einer bestimmten Programmiersprache und eingeordnet in den Namensraum eines Rechners (auch wenn dieser Raum zusammengesetzt ist). Für die Arbeit in Netzen verändert sich die Situation dadurch, dass mehrere Rechner miteinander verbunden werden.

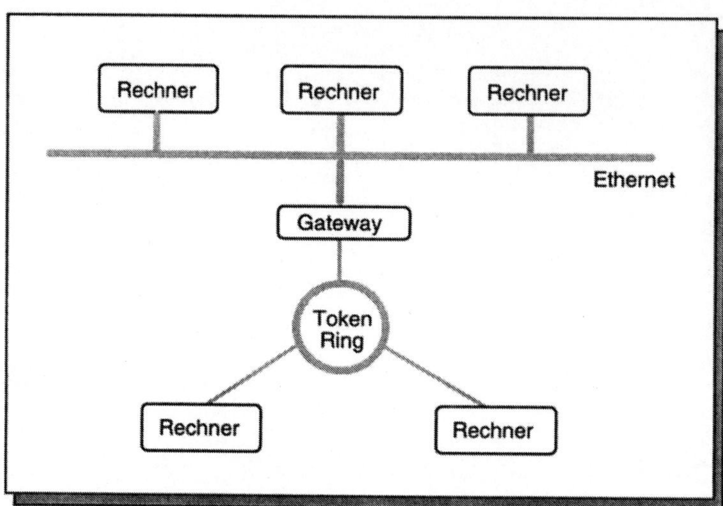

Abb. 7.3 Skizze Rechnernetz

Verteilung bedeutet nun, dass die Bausteine sich in unterschiedlichen Adressräumen befinden. Für verteilte Verarbeitung ergibt sich somit ein Problem:

Programmiertechnisch erfordert eine Verteilung das Überwinden des Namensraumes eines (einzelnen) Rechners.

Dieses Problem zu überwinden helfen prinzipiell zwei Ansätze.

Ansatz 1   ⇒ **phys. Zusammenführen**
- Entwicklung des Objekts (Bausteins) als „Halbzeug"
- Übernahme des „Halbzeugs" auf den aktuellen Rechner
- Anpassung an den aktuellen Namensraum

Fortsetzung

Ansatz 2:　　⇒ **log. Zusammenführen**
　　　　　　　　- Belassen des Objekts auf dem jeweiligen
　　　　　　　　　Rechner
　　　　　　　　- Verzweigen zum jeweiligen Rechner zur
　　　　　　　　　Ausführungszeit: Remote Procedure Call

===

Der Ansatz 2 wird in sich weiter in zwei Stufen unterteilt:

- ◆ Ausbaustufe RPC
- ◆ Ausbaustufe verteilte Objekte.

Remote Procedure Call bedeutet synchronisierte Übergabe der Ablaufsteuerung auf der Ebene der Programmiersprache zwischen Programmen in unterschiedlichen Adressräumen. Dabei werden i.Allg. einige Daten - Parameter bzw. Ergebnisse - ausgetauscht. Die Abbildung 7.4 zeigt das Prinzip.

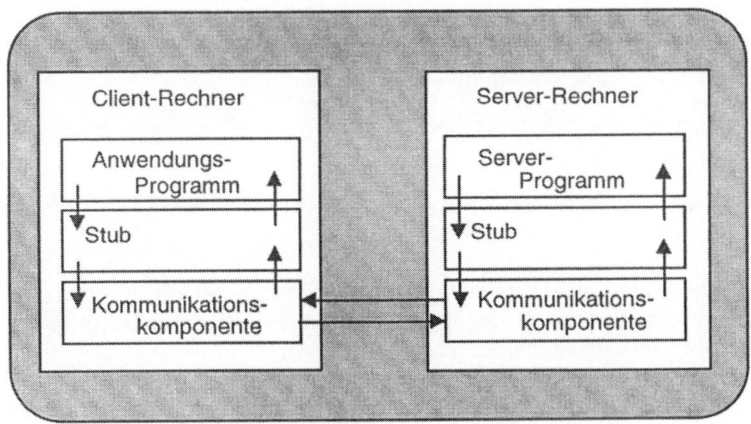

Abb.7.4 Prinzip RPC

Bei der Ausbaustufe RPC bleiben die Objekte in ihrem Typ lokal und werden mittels Funktionsaufruf über Rechnergrenzen hinweg logisch miteinander verbunden.
Für das Verknüpfen von Bausteinen, das auch hier Binden genannt wird, gibt es verschiedene Realisierungsmöglichkeiten. Zum einen lässt sich die Adresse der auf-

zurufenden Komponente direkt in ein Programm schreiben. Zum anderen kann ein aufrufendes Programm eine Nachricht an alle erreichbaren Server zwecks Auffinden des erforderlichen Bausteins senden. Dieses Vorgehen wird als Broadcasting bezeichnet und ist deutlich flexibler als die vorher erwähnte Bindungsart. Die dritte Möglichkeit ist das Einrichten eines Verzeichnisdienstes im Netz. Dieser stellt Serverkomponenten und die zugehörige Lokalisierung dann auf Anfrage bereit.

Voraussetzung für jede dieser Varianten ist „gleiche Herkunft" der beteiligten Bausteine. Damit ist gemeint, dass alle Komponenten in ein und derselben Programmiersprache erarbeitet worden sind. Die daraus resultierende Art des Bindens - d.h. der Verknüpfung von Client und Server-Prozedur - schränkt naturgemäß die Flexibilität ein.

Die Ausbaustufe „verteilte Objekte" wird entwickelt, um die Arbeit mit Bausteinen auf verschiedenen Rechnern zu erleichtern. Dazu werden Objekte vom Typ lokal erweitert zum Typ verteilt. Das Prinzip besteht darin, lokale Bausteine einzuhüllen. Die damit verbundenen Merkmale werden nachstehend zusammengefasst.

Prinzip Einhüllen des lokalen Bausteins

⇒ - gleichartiges Erscheinungsbild unterschiedlicher Objekte
(auch bei unterschiedlichen „Herkunftssprachen")
- Schaffen eines gemeinsamen Namensraumes für alle Rechner im Netz
- Einordnung des „verteilten" Objekts in diesen Namensraum

Den grundlegenden Aufbau eines Objekts vom Typ verteilt zeigt unsere Abbildung 7.5. Dazu einige erläuternde Anmerkungen:

♦ Das lokale Objekt setzt sich zusammen aus seinem Kern und den verschiedenen (lokalen) Schnittstellen, die in aller Regel verschiedene Dienste realisieren.

♦ Um das lokale Objekt wird eine Hülle gelegt. Diese Hülle besteht aus zwei Schichten
   1. verschiedene (verteilte) Schnittstellen
   2. Mapping-Schicht zwecks Zuordnung verteilter zu lokalen Schnittstellen und umgekehrt.

♦ Die Mapping-Schicht ist im Wesentlichen eine Tabelle in Binär-Code: verteilte Funktion ⇔ lokale Funktion.

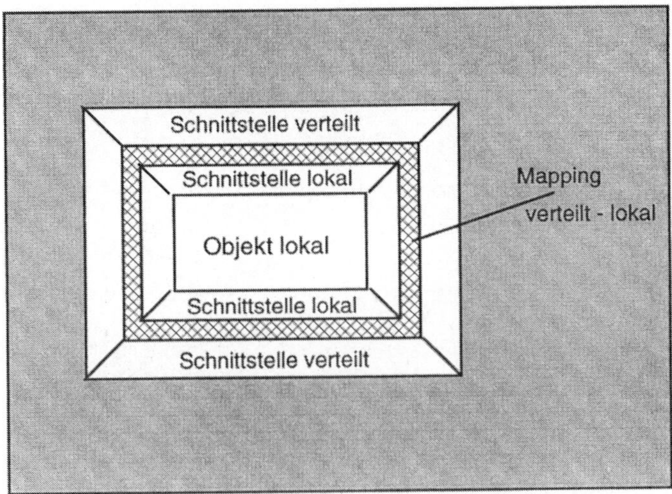

Abb.7.5 Aufbau verteiltes Objekt

7.3 Java-Überblick

Zielsetzung von Java

Die Autoren von JAVA streben nach Weiterentwicklung des Software Engineering zunächst durch Erarbeiten einer neuen Sprache. Der Vorteil wird von den Entwicklern in erweiterten Möglichkeiten bei der Implementierung und Anwendung gesehen. Es sind dies vor allem:

- Schreiben von Anwendungen, die auf jeder Plattform ausgeführt werden können
  ⇒ Aufgabe der engen Verbindung zwischen Plattform und Anwendung
- Distribution von Java-Anwendungen im Byte-Code-Format
- Nutzung interaktiver Funktionalität im WWW
- Java-Anwendungen - Applets - können in Web-Seiten eingebunden werden
- Herunterladen von Java-Anwendungen vom Internet und Ausführung
- Objektorientierte Programmierung
- Entwicklung verteilter Anwendungen.

Die beiden erstgenannten Zielsetzungen stehen in relativ enger Beziehung zueinander. Plattformunabhängigkeit bedeutet hier das Aufheben der Notwendigkeit, ein Programm jeweils für einen bestimmten Prozessortyp übersetzen zu müssen.

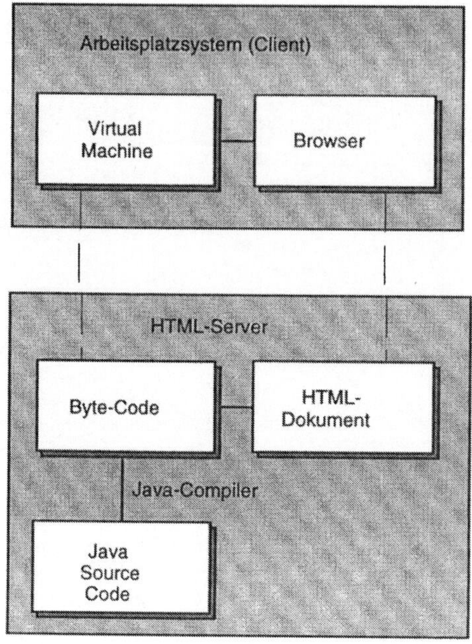

Abb.7.6 Plattformunabhängigkeit

Lösung ist die Einführung eines Zwischencodes - des Byte-Code-Formats. Die Abbildung 7.6 zeigt den prinzipiellen Zusammenhang zwischen Erzeugung, Verteilung und Interpretation von Programmen im Byte-Code-Format. Auf dem mit HTML-Server gekennzeichneten Rechner liegt Java-Quellcode vor. Der wird vom Java-Compiler in Byte-Code übersetzt. Das übersetzte Programm kann nun auf jede Plattform übertragen und dort ausgeführt werden, vorausgesetzt, es gibt auf dem Client den zugehörigen Java-Interpreter (Virtual Machine in der Skizze).
Auf die weiteren Zielsetzungen und Möglichkeiten ihrer Realisierung wird in den nachfolgenden Abschnitten eingegangen.

Komponenten
Bei der Erläuterung der Komponenten wird mit einer Übersicht zu Werkzeugen und Bausteinen zu Java begonnen (Abb 7.7). Im Folgenden sollen dann - im Sinne des Top-Down-Approach - einzelne Elemente näher beschrieben werden.

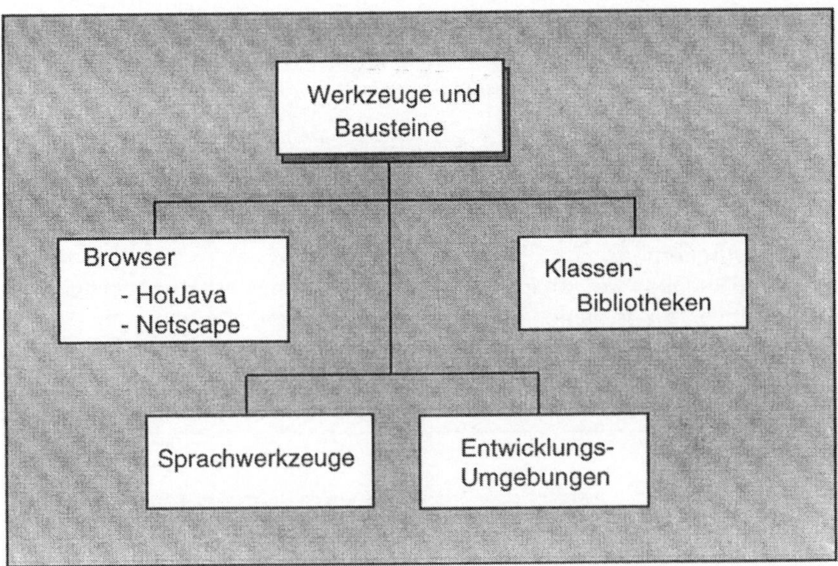

Abb.7.7 Werkzeuge und Bausteine

Bei den Browsern sind die beiden wohl wichtigsten genannt. Selbstredend kann diese Liste länger gestaltet werden. Die Komponente Klassenbibliotheken gibt einen ersten Hinweis darauf, dass Java eine objektorientierte Sprache ist. Und dass Entwicklungsumgebungen bereits vorhanden sind ist ein Indiz dafür, wie breit Java schon akzeptiert und für die weitere Entwicklung des Software Engineering kalkuliert ist. Die Tabelle 7.1 vermittelt dafür einen Eindruck (s.d. OB JEKT-spektrum 3/96 - Beihefter).

Bezeichnung	Hersteller	Bemerkung
Cafe	Symantec	Browser + Debugger + GUI-Tool (einfach)
C++ 5.0	Borland	Debugger arbeitet nicht?
JDK	Sun	frei verfügbar
?	Silicon Graphics	sehr gut
OEW	Innovative Software	
Jfactory	Rogue Wave	visuelle Progrg
...		

Tabelle 7.1 Entwicklungsumgebungen

Probleme bereiteten nach Darstellung im OBJEKT-spektrum zu dieser Zeit noch

♦ Debugger   nicht zufriedenstellend
♦ Just-in-Time-Compiler   Geschwindigkeit bei der Programm-
                               ausführung.

Ein Vergleich mit dem nunmehr erreichten Stand sowohl für Debugger als auch bei den Just-in-Time-Compilern belegt die immens rasche Entwicklung auf diesem Gebiet.

Klassenbibliotheken
Die Klassenbibliotheken werden in Java Packages genannt. Mit der Abbildung 7.8 wird (auszugsweise) eine Zusammenstellung von Paketen gezeigt, die zum Umfang des Java Development Kit (JDK) gehören.

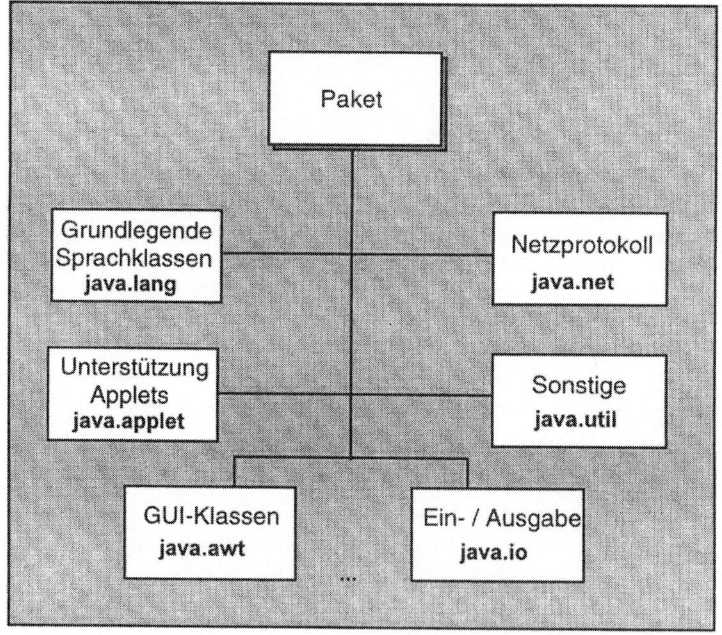

Abb.7.8 Java-Packages

Sprachwerkzeuge
Einen Überblick zu den von Sun bereitgestellten Sprachwerkzeugen gibt die Abbildung
7.9. Die hervorgehobenen Namen sind die Bezeichner, unter denen die jeweilige
Komponente aufzurufen ist. Der AppletViewer bietet die Möglichkeit, Applets auf dem
eigenen Rechner testen zu können, ohne einen Browser benutzen zu müssen.

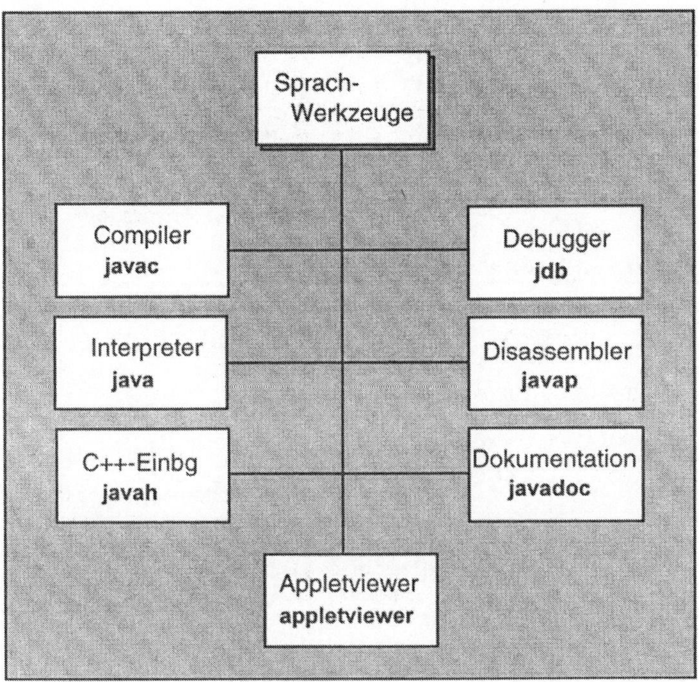

Abb.7.9 Java-Sprachwerkzeuge

Die Programmiersprache Java ist C++ recht ähnlich und wird mit dieser auch
bevorzugt verglichen. Ähnlichkeiten sowie einige Unterschiede werden mit den nun
folgenden Tabellen kenntlich gemacht. Tabelle 7.2 gibt zunächst eine Auflistung wich-
tiger Elemente von Java.
Die Verwandtschaft mit C++ wird auch deutlich, wenn man einen Blick auf die in der
Tabelle 7.2 bereits erwähnten Steuerstrukturen von Java wirft. Die Komponenten zur
Ablaufsteuerung in Java zeigt Tabelle 7.3.

• Klasse	[import <package names>;] [class type] class <classname> { <member data declarations> <member function definitions>}
• Member data	keine freistehenden Variablen (C++)
• Member function	keine freistehenden Funktionen (C++)
• Steuerstrukturen	vergleichbar zu C++ ohne GOTO-Anweisung
• Tabelle	
• Pointer	nicht als Typ
• Vererbung	- interface Definition einer Schnittstelle - implements Implementierung
• Header-Datei	keine Klassendefinition ist Deklaration

• Multi-Threading	parallele Ausführungszweige
	      - innerhalb von Anwendungen
	      - Verteilung auf Prozessoren

Tabelle 7.2 Java - wesentliche Elemente

if-else	if (boolean) { statements; } else { statements; }

switch	switch (integral_value)
	        { case <constant> : statements; break;
	          case <constant> : statements; break;
	          default : statements; }

for(; ;)	for (initializer; test; reinitializer) { statements; }
while( )	while (boolean) { statements; }
do while( )	do { statements; } while (boolean);
break	beendet eine Schleife mit Fortsetzung nach der Schleife
continue	stoppt Ausführung des aktuellen Schleifenblocks und Beginn des nächsten Schleifendurchlaufs
return	unbedingtes Verlassen einer Funktion

Tabelle 7.3 Java-Steuerstrukturen

Java-Anwendungen

Die Anwendungen - geschrieben in Java - werden in zwei Grundtypen unterteilt. Dies zeigt die Abbildung 7.10.

Mit Application wird eine eigenständige Anwendung bezeichnet, die eine Main-Funktion enthält und somit als komplettes Programm ausgeführt werden kann. Ein

Applet ist so gesehen unvollständig und benötigt zur Ausführung einen Rahmen. Dieser wird durch einen Browser oder durch den AppletViewer eingerichtet. Zweiter bedeutsamer Unterschied zwischen Application und Applet ist, dass letzteres unter Verwendung der Scriptsprache JavaScript entwickelt wird (s.d. auch Ausführungen zum Scripting).

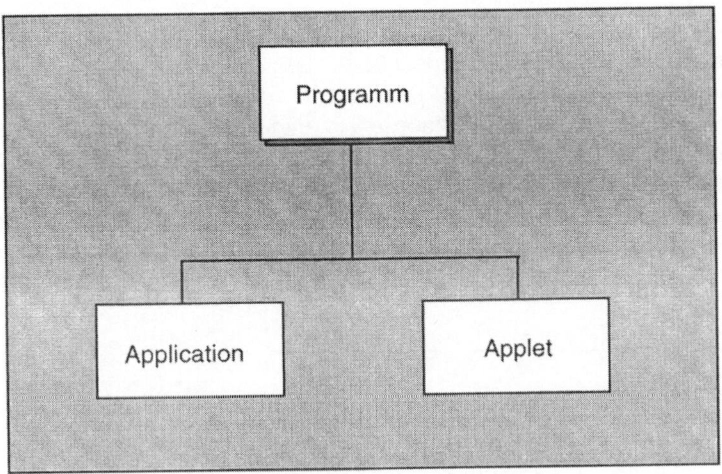

Abb.7.10 Java-Anwendungen

JavaScript

JavaScript ist eine von Sun und Netscape gemeinsam entwickelte Scriptsprache für das WWW. Damit soll eine offene, plattformübergreifende Sprache zur Beschreibung von Objekten und ihren Beziehungen bereitgestellt werden. JavaScript ist für die Erarbeitung von Applets gedacht mit der Intention: der Entwickler benötigt nicht den gesamten Sprachumfang von Java. Darin wird eine Vereinfachung der Entwicklung von Anwendungen gesehen, etwa mit Visual Basic vergleichbar. „JavaScript ist die perfekte Ergänzung zu Java, denn es ist eine einfach benutzbare Objekt-Beschreibungssprache, die jedoch auf der leistungsfähigen Java Sprache basiert." (Sun: Java im Detail)

Ein Aspekt der Reduktion von JavaScript gegenüber der kompletten Sprache ist die vor allem sicherheitsbedingte Beschränkung. Ein Applet kann nicht

    ♦ Bibliothek laden
      ⇒ Zugriff nur auf   - eigenen Code
                          - API des AppletViewer
                          - Java-Packages

♦ Lesen und Schreiben auf dem Rechner,
  auf dem es ausgeführt wird (Ausnahme: AppletViewer + URL)
♦ Netzwerk-Verbindungen herstellen (Ausnahme: Applet-Home)
♦ Anwendung auf dem ausführenden Rechner starten
♦ jedes Systemmerkmal lesen.

So werden viele Versuche des Missbrauchs bereits durch die Anlage der Sprache selbst unterbunden.

Es wurde bereits darauf verwiesen, dass die bausteinbasierte Programmierung zur Entwicklung von grafischen Benutzungsoberflächen bevorzugt eingesetzt wird. Dabei werden über die Verwendung von Bausteinen auch die zur jeweiligen Plattform gehörigen Standards realisiert. Die Tabelle 7.4 zeigt deshalb eine Zusammenstellung der am meisten verbreiteten GUI-Standards und ausgewählter Bausteinkästen im Kontext der entsprechenden Programmiersprache. Die schraffiert unterlegte Zeile ist die Variante der bausteinbasierten Programmierung, welche im Abschnitt zu C++-Bausteinen erörtert worden ist. Java ist allerdings nicht auf OpenLook beschränkt, sondern hier wird für die Anwendung der Standard der jeweiligen Plattform übernommen.

GUI-Standard	Bausteine	Sprache
OSF/Motif	Widget-Bibl.	IDL
CUA	OWL + Res-W	C++
OpenLook	AWT-Package	Java

Tabelle 7.4 GUI-Standards und Bausteine

Applet-Entwicklung

Im Folgenden wird nun die Entwicklung von Applets skizziert. Verwendet wird ein Beispiel, das seine Anwendung in der Gestaltung einer Web-Seite findet, die den Autor als Mitglied des Lehrkörpers des FB Informatik vorstellt. Bei der Erörterung soll deutlich werden, wie wesentliche der anfangs genannten Zielsetzungen erreicht werden können und welche Hauptschritte dazu auszuführen sind. Mit der Anwendung wird ein Button in die Web-Seite eingefügt. Dieser ist mit Funktionalität ausgestattet und ermöglicht somit, über einen Mausklick ein zusätzliches Fenster sichtbar zu machen. Um diese Interaktivität zu realisieren, besteht die Anwendung aus zwei Klassen (die jeweils in einer Datei platziert sind). Eine davon wird nachfolgend in ihrem Gerüst dargestellt. Mit dieser Klasse wird der Button „EINBLENDEN" in die Seite eingefügt.

```
/*                                    */
/*  First Applet                      */
/*                                    */
import java.applet.*
import java.lang.*
import java.awt.*
public class SimAppl extends Applet
        { Button einbl;
          wind fens;
          public void init ( )
              {
                einbl = new Button ("EINBLENDEN");
                add (einbl);
              }
          public boolean handleEvent (Event evt)
              { /* Reaktion auf Mausklick auf Button   */ }
          ...
          public void destroy ( )        { ...}
        }
```

Quelltext 7.1

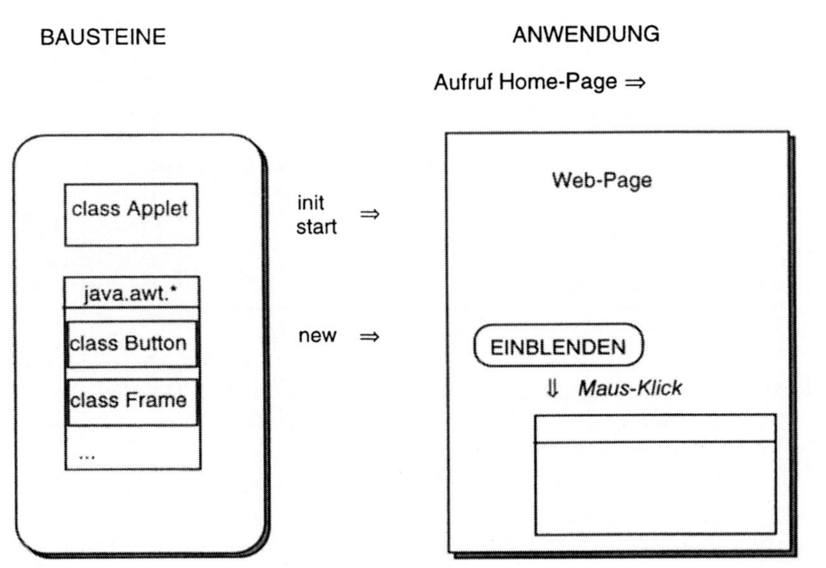

Abb.7.11 Prinzip Gesamtlösung

Die Member-Funktion handleEvent enthält die Befehlsfolge zur Reaktion auf einen Mausklick im Bereich des Button. Das Prinzip der Verwirklichung der hier diskutierten Anwendung wird in der Abbildung 7.11 gezeigt.

In der Abbildung wird noch einmal verdeutlicht, dass bei der Entwicklung von Applets auf die zur Standardausrüstung gehörenden Bausteine zurückgegriffen wird. Der Bausteinkasten ist im vorliegenden Fall das Paket java.awt.*, welches die Klassen zur Gestaltung von grafischen Benutzungsoberflächen enthält. Ein Applet hat einen „Lebenszyklus"; dies wird angedeutet mit den Methodennamen init und start und reicht bis zu destroy (s.d. Quelltext oben). Die Skizze der Web-Seite zeigt an, dass mit dem Aufbau dieser Seite durch Start des Applets der Button eingefügt wird. Bei Anklicken des Buttons wird dann das bereits erwähnte weitere Fenster geöffnet. Auch dieses Fenster ist recht komfortabel ausgestattet mit Rollbars, mit möglicher Größenveränderung und mit dem entsprechenden Systemmenü.

Für die Verbindung zwischen Applet-Code und Web-Seite ist eine Verankerung in der HTML-Seite erforderlich. Das Schema dafür enthält die Abbildung 7.12.

```
<HTML>
    ...

    <APPLET CODE=  WIDTH=  HEIGTH=  >
    <PARAM  name=   value=                >

    ...

    Ersatztext

    </APPLET>

    ...
</HTML>
```

Abb.7.12 Applet-Einbindung

Für die Verankerung des Applets sind drei Attribute erforderlich. Mit CODE wird der Name der Datei angegeben, in der sich das übersetzte Programm befindet. Ohne weitere Angaben wird unterstellt, das Applet ist bei der HTML-Seite zu finden. Breite und Höhe kennzeichnen die Fläche zur Darstellung des Applets in der Web-Seite. Weitere Attribute sind wahlfrei. So kann zum Beispiel über CODEBASE angegeben werden, wo das Programm abgelegt ist. Hier kann absolut adressiert werden, unter Verwendung einer URL. Oder es wird mittels eines Pfades adressiert, der dann relativ zur Ablage der HTML-Seite interpretiert wird.

Über die Parameter kann auf die Abarbeitung des Applets Einfluss genommen werden. So lassen sich bei gleichbleibendem Code verschiedenartige Ausführungen erreichen (z.B. die Anzahl von Wiederholungen bestimmter Sequenzen).
Mit dem Ersatztext kann ein Hinweis darauf eingefügt werden, dass u.U. ein Browser benutzt wird, der Java-Applets noch nicht unterstützt.

7.4 JAVA-Bausteine

In diesem Abschnitt sollen nun die Aspekte des Bausteineinsatzes in Java weiter verdeutlicht werden. Die Merkmale der Entwicklungsumgebung für die weitere Arbeit sind:

Entw.-Umgebung = Java Development Kit
+ java.awt.*
+ ...

Das Muster eigenständiger Anwendungen, die also ohne Rahmenprogramm abarbeitbar sind, weicht von den bisher herausgearbeiteten Strukturen im Wesentlichen nicht ab.

Benutzungsoberfläche = Anwendungs-Rahmen
+ Bildschirmobjekte
+ Steuerobjekte

Interaktive Informationssysteme, die hier das umfassende Anwendungsfeld für den Einsatz von Bausteinen bilden, werden - dem gegenwärtigen Entwicklungsstand gemäß mit einer standardisierten Architektur aufgebaut. Und, so haben wir bereits erwähnt, der „Quasi-Standard" ergibt sich aus dem Prinzip ereignisorientierte Programmierung. Das bedeutet weiterhin, wir finden auch in Java das Grundschema für ereignisorientierte Programme wieder.

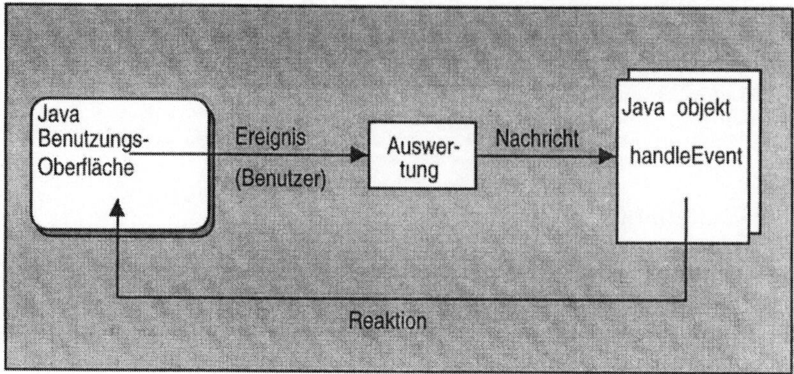

Abb.7.13 Schema Java-Programm

An dieser Stelle wird die Aufgabe, ein Informationssystem CD-Verleih zu entwickeln, wieder aufgegriffen. Das Grundprinzip für die Erarbeitung von Java-Programmen unter Verwendung von Bausteinen ist die Notation von Quelltext. Als Hauptschritte der Entwicklung unserer Software haben wir wiederum die Ableitung von Bausteinen der drei Kategorien durchzuführen.

HAUPTSCHRITTE

View-Elem.	⇒ Layout-Entwurf der Benutzungsoberfläche
Controller	⇒ Realisierung der Nachrichten-Bearbeitung
Model-Elem.	⇒ Implementierung der Anwendungsfunktionen

Begonnen wird mit der Überlegung zum Layout-Entwurf. Für Java ist dabei folgendes Muster wiederzufinden:

LAYOUT = Arbeitsfläche
         + Arrangement der Elemente

Die Arbeitsfläche ist dann zweckmäßigerweise ein Fenster, und das Arrangement wird vorrangig über einen Layout-Manager realisiert.

$$\textsc{Arbeitsfläche} = \text{Frame-Win} \mid \text{Dialog-Window} \mid ...$$
$$\textsc{Arrangement} = \text{ad hoc} \qquad \mid \text{Layout-Manager}$$

Ad hoc soll anzeigen, dass eine bewusste Orientierung am Layout-Manager nicht erfolgt. Allerdings wird dann ein Default-Layout (BorderLayout) wirksam.
Die Bausteine für das Layout sind View-Elemente, deren Zusammenstellung die Abbildung 7.14 wiedergibt.

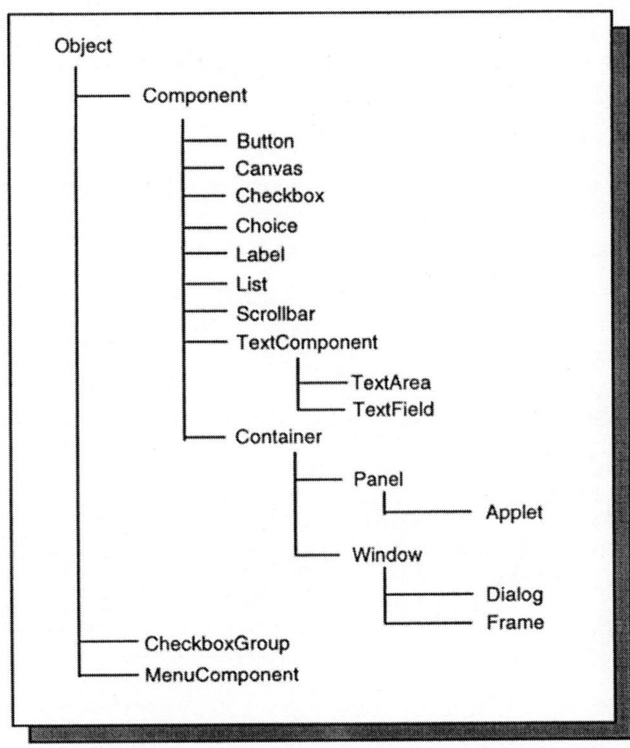

Abb.7.14 View-Elemente

Um das Vorgehen beim Entwurf eines Layouts unter Verwendung von Bausteinen in „wohlgeordnete" Bahnen zu lenken, wird hier folgendes Procedere vorgeschlagen.

1. Schritt	Auswahl einer Arbeitsfläche
2. Schritt	Strukturierung der Arbeitsfläche ad hoc oder mittels Bezug auf Layout-Manager
3. Schritt	Hinzufügen Baustein
4. Schritt	Einordnung ad hoc oder über Layout-Manager

Am Beispiel CD-Verleih werden diese Schritte unter den jetzt relevanten Bedingungen erneut skizziert.

```
/*                               */
/*   Auswahl einer Arb.-Fläche   */
/*                               */
        class MyLayout extends
            { ...            }
```

Quelltext Schritt 1

Es erfolgt die Bereitstellung des Fensters als Arbeitsfläche.

```
/*                               */
/*   Strukturierung Arb.-Fläche  */
/*                               */
        class MyLayout extends
            { ...

        setLayout (new BorderLayout( ));

            }
```

Quelltext Schritt 2

Der gewählte Layout-Manager BorderLayout strukturiert die Arbeitsfläche nach folgendem Muster. Die einzelnen Felder sind benannt: North, West, Center, East, South.

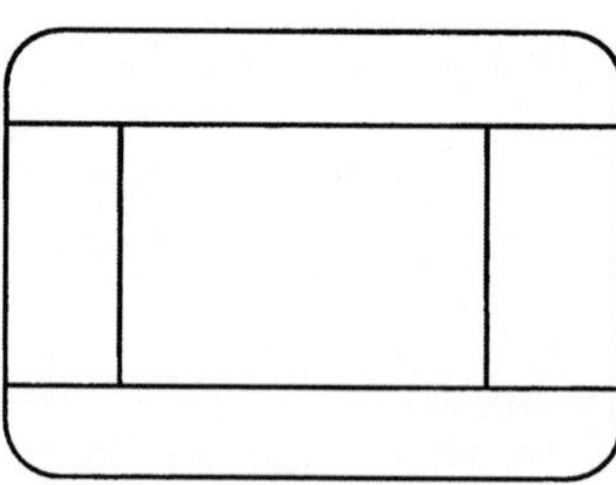

Abb.7.15 Struktur bei BorderLayout

```
/*                                    */
/*      Einordnung Element            */
/*                                    */
        class MyLayout extends
              { ...

              add („Center", new Button(„OK"));

              ...
              }
```

Quelltext Schritt 3 und Schritt 4

Einfügen eines Button mit der Beschriftung OK in das Feld Center. (Größe des Button entspricht der Feldgröße.)

Schaut man nun auf die Struktur der Schnittstelle von Applets zu den Anwendern, so ist Folgendes zu erkennen:

Benutzungsoberfläche = Browser
                     + Bildschirmobjekte
                     + Steuerobjekte.

Der Browser (oder ein AppletViewer) bildet in diesem Fall den Rahmen für die Anwendung. Die Bildschirmobjekte allerdings liegen nicht als sichtbare Bausteine vor, sondern werden als Quelltext bereitgestellt. Und die Steuerobjekte sind ebenfalls Komponenten des Pakets java.awt und somit relativ eng an die Bildschirmobjekte gekoppelt.

Applikationen, darauf wurde bereits verwiesen, sind im Kontext von Java Anwendungen, die als eigenständige Programme ausgeführt werden. Damit entfällt die Einbettung in einen Browser. Vorausetzung für die Abarbeitung ist der Java-Interpreter. Die Verwendung von Bausteinen folgt den bisher für Applets diskutierten Prinzipien. Dies soll die nachfolgende Skizze zu einer Anwendung CD-Verleih sichtbar machen. Die Anwendung ist wieder so strukturiert, dass ein Hauptfenster über ein Menü die Verzweigung zu Folgefenstern ermöglicht. In den Folgefenstern befinden sich die Menüeinträge für die Bearbeitungsfunktionen. Der Übergang zu einem Folgefenster wird durch das Anklicken des zugehörigen Menüeintrags und des damit verbundenen Ereignisses ausgelöst. Erzeugung des Hauptfensters ist in dem Quelltext 'Hauptfenster' platziert. Folgefenster sind in unserem Fall jeweils in einer weiteren Klasse realisiert (Beispiel: Folgefenster Bedienen). Der Fensteraufbau wird vorrangig über die Konstruktoren gesteuert.

```
/*                                                          */
/*                    Haupt-Fenster                         */
/*                                                          */

    import java.awt.*;

    class mainwin extends Frame
        { public mainwin(model cdv)
              {
                setTitle(„CD-VERLEIH");
                MenuBar mb;
                mb = new MenuBar( );
                setMenuBar(mb);
                Menu m1, m2;
                MenuItem item1, item2, item3;
                m1 = new Menu(„HAUPTFKT", true);
                mb.add(m1);
                item1 = new MenuItem(„BEDIENEN");
                m1.add(item1);
                item2 = new MenuItem(„VERWALTEN");
                m1.add(item2);
                m2 = new Menu(„HILFE");
                mb.add(m2);
                item3 = new MenuItem(„About");
                m2.add(item3);
                control_1 c1 = new control_1(cdv);
                item1.addActionListener(c1);
                control_2 c2 = new control_2(cdv);
                item2.addActionListener(c2);
                control_1 wl = new control_1(cdv);
                addWindowListener(wl);
                setSize(1150, 900),
                show( );
              }
        }
```

Quelltext Hauptfenster

```
/*                                                          */
/*                    Haupt-Programm                        */
/*                                                          */
          public static void main(String args[ ])
              {
                model cdv   = new model( );
                mainwin win = new mainwin(cdv);
              }
```

Quelltext Hauptprogramm (Bestandteil der Klasse model)

```
/*                                                                */
/*                  Fenster Bedienen                              */
/*                                                                */
   import java.awt.*;
   public class bedwin extends Frame
         {
           public bedwin( )
                 {
                     setTitle((„BEDIENEN“);
                     MenuBar      mb;
                     mb = new MenuBar( );
                     setMenuBar(mb);
                     Menu  m1, m2;
                     MenuItem      item1, item2, item3, ... ;
                     m1 = new Menu(„AUSLEIHEN“);
                     mb.add(m1);
                     item1 = new MenuItem(„AUSGEBEN“);
                     m1.add(item1);
                     item2 = new MenuItem(„RUECKNEHMEN“);
                     m1.add(item2);
                     ...
                     m2 = new Menu(„HILFE“);
                     mb.add(m2);
                     item3 = new MenuItem(„About“);
                     m2.add(item3);
                     control_3 c3 = new control_3(cdv);
                     item2.addActionListener(c3);
                     setSize(350, 250);
                     show( );
                 }
         }
```

Quelltext Folgefenster BEDIENEN

```
/*                                                                */
/*                  Controller 2                                  */
/*                                                                */
   import java.awt.event.*;
   class control_3 implements      ActionListener,
                                   WindowListener
         {
           model cdv;
           public control_2(model cdv)
                 { this.cdv = cdv;                }
           public void actionPerformed(ActionEvent event)
                 { verwin ver = new verwin(cdv);            }
         }
```

Event-Handler zum Bedienen-Fenster

```
/*                                                          */
/*                    Fenster Verwalten                     */
/*                                                          */
   import java.awt.*;

   class verwin extends Frame
         {
           public verwin(model cdv)
               {
                 setTitle(„VERWALTEN");
                 MenuBar        vmb;
                 vmb = new MenuBar( );
                 setMenuBar(vmb);
                 Menu           vm1, vm2, vm3;
                 MenuItem       vitem1, vitem2, vitem3, ... ;
                 vm1 = new Menu(„KUNDEN");
                 vmb.add(vm1);
                 vitem1 = new MenuItem(„AUFNEHMEN");
                 vm1.add(vitem1);
                 vitem2 = new MenuItem(„AENDERN");
                 vm1.add(vitem2);
                 vitem3 = new MenuItem(„LOESCHEN");
                 vm1.add(vitem3);

                 ...
                 control_3 kauf = new control_3(cdv);
                 vitem1.addActionListener(kauf);
                 setSize(350,250);
                 show( );
               }
         }
```

Quelltext Folgefenster VERWALTEN

```
/*                                                          */
/*                    Controller 3                          */
/*                                                          */
   import java.awt.event.*;
   class control_3 implements    ActionListener,
                                 WindowListener
       {
         model cdv;
         public control_3(model cdv)
             { this.cdv = cdv;                 }
         public void actionPerformed(ActionEvent event)
             {
               cdv.kunauf( ); // Aufruf der Anwendungs-Methode
             }
       }
```

Event-Handler zum Verwaltungs-Fenster

```
/*                                                    */
/*          Dialog Kunden aufnehmen                   */
/*                                                    */
    import java.awt.*;

    class aufdialog extends Dialog
         {
           model parent;

           public aufdialog(Frame rahm, String name)
                {
                  super(rahm, true);
                  parent = (model) rahm;
                  setTitle(„KUNDEN AUFNEHMEN“);
                  TextArea text = new TextArea(8, 25);
                  text.setEditable(true);
                  add(„North“, text);
                  Panel pan = new Panel( );
                  Button ok = new Button(„OK“);
                  pan.add(ok);
                  add(„South“, pan);
                  // control_4 c4 = new control_4( );
                  // ok.addActionListener(c4);
                  setSize(350, 250);
                  show( );
                }

         }
```

Quelltext Dialog-Fenster

An Hand einer Skizze zur Architektur unseres ausgearbeiteten Beispiels (Abb.7.16) wird nun das Zusammenwirken der Bausteine erläutert. Die verwendeten Bausteine sind in der Darstellung nach ihrem Typ geordnet worden. Damit ist eine Zuordnung der entsprechenden Quelltexte leicht möglich. Nach dem Start des Hauptprogramms wird das Hauptfenster auf dem Bildschirm aufgebaut. Da stehen die Menüeinträge für Verzweigungen zu Folgefenstern zur Verfügung. Beim Anklicken eines Menüpunkts wird dieses Ereignis registriert und nach Auswertung zum zugehörigen Event-Handler verzweigt. Die eigentlichen Verarbeitungsfunktionen sind auch im Beispiel in den Model-Baustein verlegt. (In diesem Fall ist dies u.U. nicht die einfachste Variante.)
Die Quelltexte für den Model-Baustein und den Event-Handler der zum Hauptfenster gehört sind am Ende dieses Abschnitts platziert.

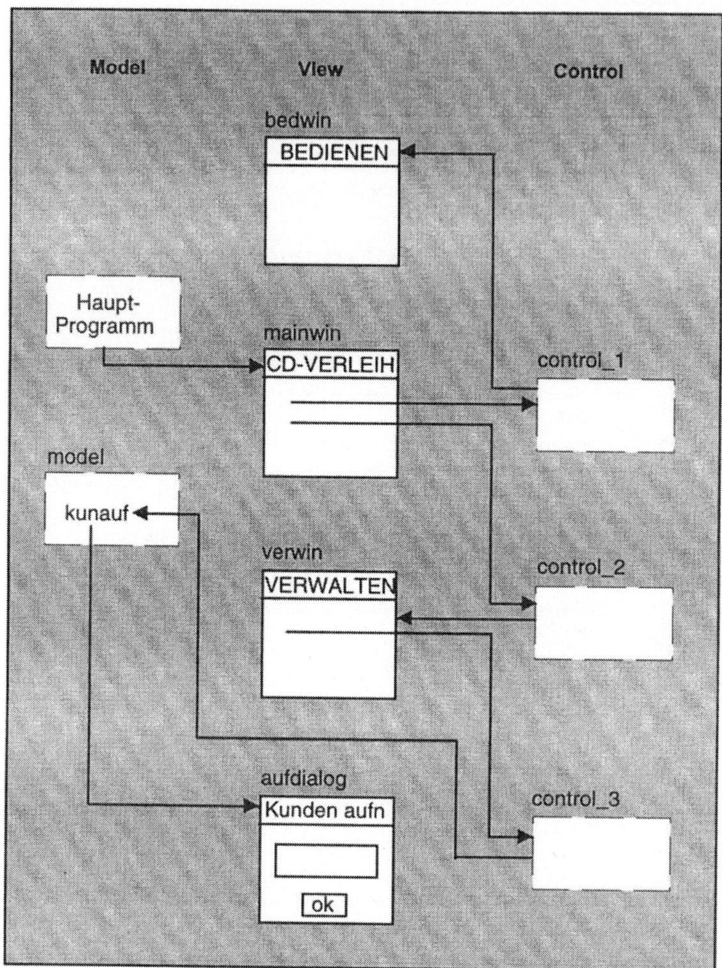

Abb.7.16 Architektur Beispielanwendung

```
/*                                                         */
/*                      Controller 1                       */
/*                                                         */
    import java.awt.event.*;
    class control_1 implements    ActionListener,
                                  WindowListener
        { model cdv;
          public control_1(model cdv)
                { this.cdv = cdv;                   }
          public void actionPerformed(ActionEvent event)
                { bedwin bed = new bedwin(cdv);         }
          public void windowClosing(WindowEvent event)
                {
                   System.exit(0);
                }
          public void windowClosed(WindowEvent event)          { }
          public void windowDeiconified(WindowEvent event)     { }
          public void windowIconified(WindowEvent event)       { }
          public void windowActivated(WindowEvent event)       { }
          public void windowDeactivated(WindowEvent event)     { }
          public void windowOpened(WindowEvent)                { }
        }
```

Event-Handler zum Hauptfenster

```
/*                                                         */
/*                     Funktions-Kern                      */
/*                                                         */
    import java.awt.*;
    public class model extends Frame
        { /* public method_1( )
                { Anwendungs-Fkt. 1 }
          public method_2( )
                { Anwendungs-Fkt. 2 }

          ...
        */
          public void kunauf( )
              {
                 model cdv = new model( );
                 aufdialog auf = new aufdialog(this,"KUNAUF");
                 // Textübernahme
                 // text.selectAll( );
              }
        /* public method_n( )
                { Anwendungs-Fkt. n }
        */
        /* Haupt-Programm                            */
        }
```

Quelltext Model-Klasse für CD-Verleih (plus Hauptprogramm)

Sicherheitsbausteine

Sozusagen für die „innere Sicherheit" beim Abarbeiten von Programmen gibt es in Java spezielle vorgefertigte Bausteine. Sie sind gedacht für die Behandlung von Exceptions bzw. Fehlern, die zur Laufzeit eines Programms auftreten.

Exception bedeutet eine Ausnahme vom zulässigen Programmablauf. Was als zulässig anzusehen ist, wird vom Laufzeitsystem für Java-Anwendungen überwacht.

Exception Handling heißt dann die Reaktion auf eine Ausnahme. Mit Hilfe dieses Konzepts wird in Java erreicht, dass kein Programm regulär jemals einen undefinierten Zustand einnehmen, d.h. dass es keinen Programm- bzw. sogar Systemabsturz geben kann.

Exception Handler ist der spezielle Bausteintyp zur Behandlung von Ausnahmen. Das Prinzip der Arbeit mit Bausteinen solcherart zeigt die Abbildung 7.17.

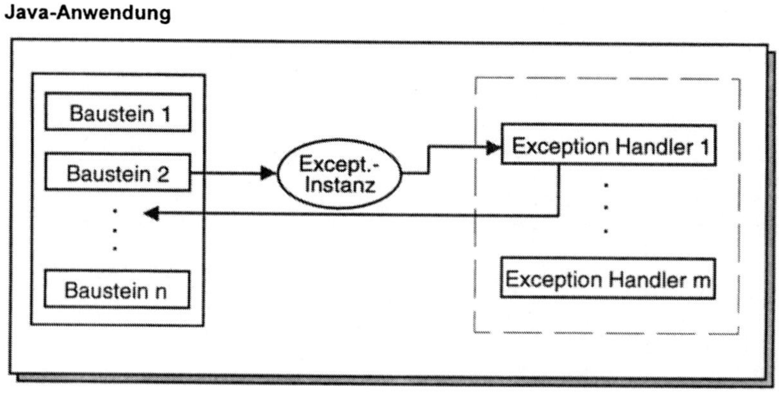

Abb.7.17 Prinzip Exception Handling

Exception-Instanz ist ein Objekt einer Exception-Klasse. Eine Exception-Klasse ist die programmtechnische Beschreibung eines Ausnahmetyps. Eine Menge solcher Klassen wird mit Java bereitgestellt und auch in diesem Fall in einer Hierarchie geordnet. Abbildung 7.18 ist ein Auszug aus dieser hierarchisch strukturierten Menge der Sicherheits-Bausteine.

Für die Implementierung des Exception Handling schreibt Java einen Aufbau vor, wie wir ihn im Syntaxmuster wiedergeben.

Im try-Block steht der Programmabschnitt, in welchem Ausnahmen auftreten können. In der entsprechenden Methode wird eine Ausnahme 'ausgeworfen'

- throw new anyexception( );.

Diese Anweisung bewirkt das Erzeugen einer Exception-Instanz.

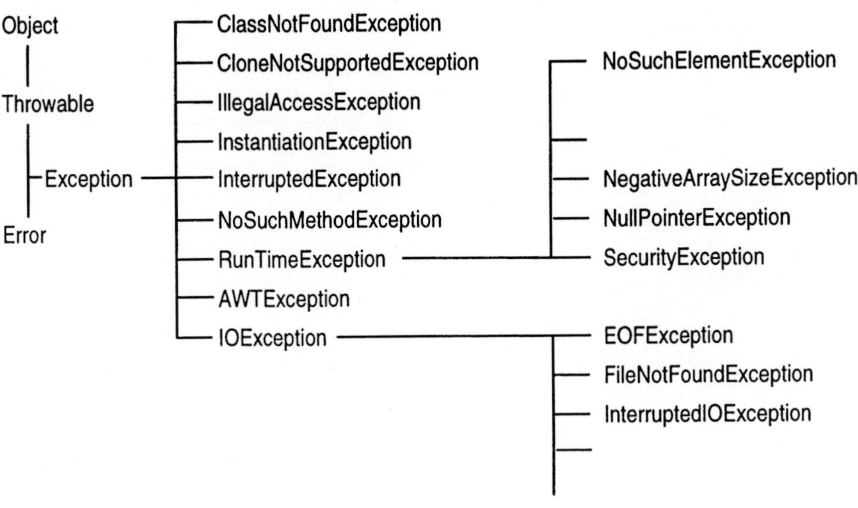

Abb.7.18 Klassenhierarchie Exception

```
try
        {
          Code, der 'versuchsweise' ausge-
          führt werden soll
        }
catch   ( Exception e1)
        {
          Exception Handler 1
        }
catch   (Exception e2))
        {
          Exception Handler 2
        }
catch ...

[ finally  {
            abschließende Behandlung, die
            in jedem Fall ausgeführt wird
          } ]
```

Syntaxmuster Exception Handling

Die catch-Blöcke 'fangen Ausnahmen auf', sie enthalten die Handler für die einzelnen ausgeworfenen Ausnahmen. Mit dem nachstehenden Beispiel soll die Implementierung weiter veranschaulicht werden. Im Quelltext 1 befindet sich eine try-and-catch-Konstruktion in Verbindung mit einer Iterator-Anwendung zu einem Container. Die entsprechende Iterator-Methode nextElement( ) im Quelltext 2 erzeugt für den Fall einer Ausnahme ein Objekt der NoSuchElementException-Klasse (s.d. Klassen-Hierarchie). Wenn eine solche Ausnahme auftritt, wird sie von dem catch-Abschnitt im Quelltext 1 aufgefangen und je nach Vorstellung des Software-Entwicklers behandelt.

```
/*          Hauptprogramm-Klasse                    */

...
public class Main
    {
       public static void main(String args[ ])
          {
              ...
              VecIte ite;
              ite = (VecIte) comp.CreateIterator( );

              try
                 { for (int i=0; i<3; i++)
                       System.out.println(ite.nextElement( ));
                 }
              catch (NoSuchElementException e)
                 { System.out.println("Elemente-Bereich alle"); }

          }
    }
```

Quelltext 1 Beispiel Exception Handling

```
/*                  Vector-Iterator                    */
...
public class VecIte extends Ite
  {
      ...
     public Object    nextElement( )
          {
              if(curr < v.elemcount)
              return v.velem[curr++];

              else throw new NoSuchElementException( );

          }
      ...
  }
```

Quelltext 2 Beispiel Exception Handling

7.5 Java-Workshop

Auch in der Java-Programmierung ist visuelles Entwickeln möglich. Dieses soll nun im Rahmen der bausteinbezogenen Betrachtung des Java-Workshops diskutiert werden. Damit konzentriert sich die Untersuchung auf Visual Java. Die Ergebnisse und Beobachtungen werden in tabellarischen Formen zusammengefasst. In diesen wird angegeben, was mit Visual Java bereitgestellt und - ebenfalls stichpunktartig - wie die Programmentwicklung erreicht wird. Visualisierung führt auch bei Visual Java zu weitestgehender Trennung von View- und Control-Bausteinen. Die View-Bausteine sind - wie gewohnt - als Bildschirmobjekte ausgelegt. Die Control-Bausteine werden im Zusammenhang mit der Visualisierung in Elemente zerlegt, denen dann Fenster, Dialogboxen u.a. zugeordnet werden. Mittels entsprechender Eingaben durch den Entwickler werden diese Elemente dann spezifiziert. Für die View-Bausteine nehmen wir eine Zweiteilung vor. Aus der Sicht des Entwicklers stellt Visual Java Arbeitsflächen zum Layout-Entwurf der Benutzungsoberfläche bereit. Der damit verbundene GUI-Container zur Aufnahme der Bildschirmobjekte ist dann in der Anwendung ein entsprechendes Fenster.

♦ Arbeitsfläche

WAS	WIE
GUI-Container	Auswahl über New Window
- Panel	Applet-Anwendungsfenster
	- erstellt keine weiteren separaten Fenster
	- Default-Container-Typ
	- wenn nicht benötigt, dann löschen
- Frame	Stand-alone-Anwendungsfenster
	- Titel
	- Rahmen
	- Menüleiste (nur hier möglich)
- Dialog-Fenster	Pop-up-Window
	- Aktivierung in Panel oder Frame
Raster	Arbeitsfläche ist in jedem Fall mit einem Raster belegt

Tab.7.5 Elemente Arb.-Fläche

Das Layout ergibt sich durch die Positionierung von View-Bausteinen im Raster der Arbeitsfläche. Das bedeutet eine relative Positionierung - im Gegensatz zu einer absoluten Platzierung - und die ermöglicht adäquate Darstellung der Benutzungsoberfläche auf unterschiedlichen Plattformen.

♦ Bildschirm-Objekte

WAS	WIE
Grundmenge	- Icon-Palette
	- Attribute Editor
- Text-Feld	
- ...	
- Menu	- Attribute Editor
	⇒ Edit MenuBar ...
Erweiterungen	- durch den Benutzer des Workshops

Tab.7.6 Bildschirmobjekte

Es wurde bereits angemerkt, dass die Control-Bausteine in ihre Elemente zerlegt und diese dann visualisiert werden. Auch hier versuchen wir über die Tabellenform eine kompakte Darstellung der einzelnen Aspekte zu erreichen.

♦ Prinzip

WAS	WIE	
Ereignis-Orientierung	⇒ Callbacks	
	- Attribute Editor	
	⇒ Edit operations ...	
Filter	WELCHES	Ereignis soll registriert werden
Action	WIE	soll die Reaktion ausfallen

Tab.7.7 Elemente Control-Bausteine

Die Filterkomponente der visuellen Control-Bausteine soll spezifizieren, welche Nachrichten der zentralen Ereignissteuerung selektiert und an den zugehörigen Programmbaustein übergeben werden sollen. Zur Verfügung stehen grundsätzlich zwei Filtertypen: zum einen Ereignis- und zum anderen Messagefilter.

♦ Filter

WAS	WIE

Event-Filter	id [,key] [,modifier] [,click count]
	[ ] - Elemente sind
	    - wahlfrei
	    - zusätzliche Spezifikation zum
	Event-Typ

- id	auf welche Art von Ereignis soll reagiert werden - Action Event - Key I - Mouse J - Window K - Scroll L - ...
- key	welche Taste soll „beobachtet" werden ⇒ Angabe der Taste

- modifier	Bsp Mouse Down (id)
	    ⇒ Left Mouse
	         Middle Mouse
	         Right Mouse

- click count	welche Anzahl wird für das Ereignis gefordert ⇒ Count=2 ≡ Doppelklick wird als Ereignis erkannt

aus diesen Einstellungen wird der Code für die Callback-Methode generiert

Tab.7.8 Filterelemente (Event-Filter)

WAS	WIE

Message Filter	name [,type] [,target name]
	[ ] - Elemente sind
	    - wahlfrei
	    - zusätzliche Spezifikation
	⇒ jede Komponente ist als Zeichenkette
	einzugeben - Java-Language

name	- handleEvent - action

keine Code-Generierung (Version 1.0)

Tab.7.9 Filterelemente (Message-Filter)

♦ Actions

WAS	WIE
common action	Bereitstellung allgemein verwendbarer Aktionen über Schlüsselwörter - show - hide - exit - set attribute - execute code
custom code action	Bereitstellung spezifischer Aktionen durch Angabe des Codes - Code - spezielle Variable - import statement

Tab.7.10 Actionelemente

Die Dekomposition der Control-Bausteine bringt auf der einen Seite höhere Anschaulichkeit. Andererseits leidet durch die offenbar zu weit gehende Zerlegung die Erkennbarkeit der Zusammenhänge. Ist beispielsweise eine Callback-Methode mit ihren Parametern auf der Ebene der Java-Sprache durchaus als Einheit auszumachen, so bedarf es bei der visuellen Arbeit einiger Konzentration, um Details richtig platzieren und den erforderlichen Überblick behalten zu können.

7.6 Java-Entwicklung

Die äußerst rasche Entwicklung von Java wurde bereits mehrfach erwähnt. Im Folgenden werden einige markante Punkte dieser Entwicklung zusammengestellt. In ihrer Gesamtheit ist die Strategie der Verarbeitung von Java-Anwendungen verändert worden. Hier können deutlich zwei Etappen unterschieden werden.
Die erste Etappe der historischen Entwicklung ist durch Java als „Client-Sprache" charaktierisiert. Dies bedeutet, zur Ausführung erfolgt die physische Zusammenführung verteilter Programmkomponenten auf dem ausführenden Rechner. Es liegt ein „Kooperations-Modell" Client vor. Für diese Art der Programmausführung ist Laufzeit-Kommunikation in verschiedenen Adressräumen über Rechnergrenzen hinweg nicht erforderlich. Die Anwendungssituation profitiert von spezialisierten Applets, die schlanke Clients ermöglichen. Ein Gegensatz zu überdimensionalen Programmpaketen wie z.B. Office 2000 mit einer kaum überschaubaren Anzahl von Funktionen.

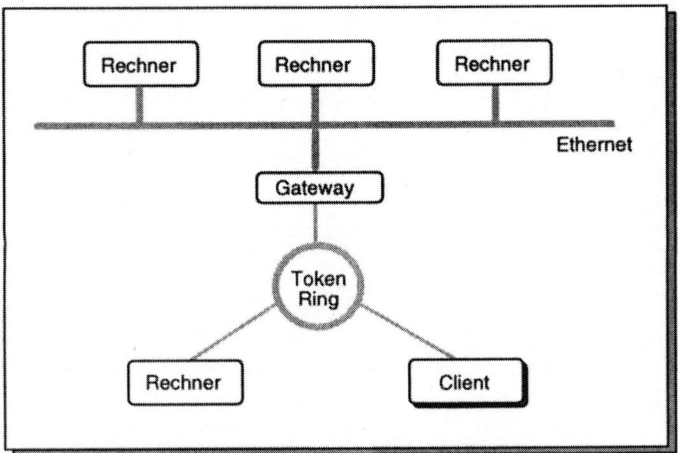

Abb.7.19 „Kooperationsmodell" Client

Die so notwendige vielfältige Netzarbeit ist entsprechend risikoreich. Um ungewollte Einwirkungen von außen abwehren zu können, wird Java mit einem eigenen Sicherheitskonzept ausgestattet.

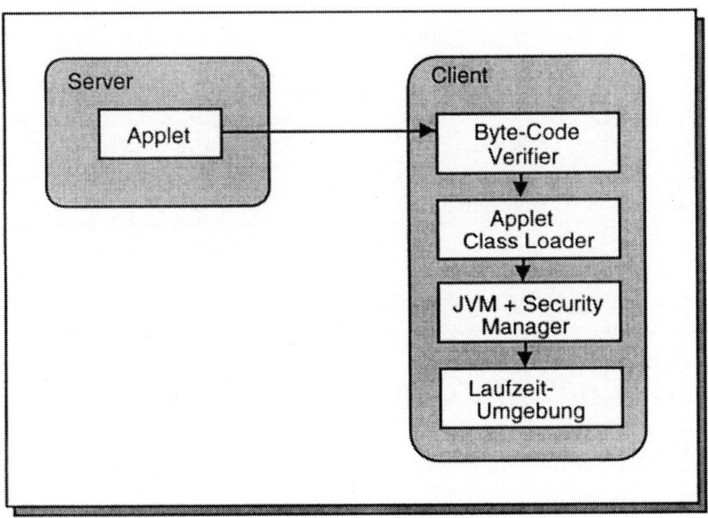

Abb.7.20 Sicherheitskonzept

Kern dieses Konzepts ist, dass ein Java-Applet bei der Übertragung zum Zweck der Ausführung auf mehrere Programme trifft, die Überprüfungen vornehmen. Die Gesamtheit wird als SandBox-System bezeichnet und sorgt dafür, dass ein Applet in einem eigenen Speicherbereich ohne Wechselwirkung mit der Umgebung abgearbeitet wird. Die einzelnen Komponeten werden in der Tabelle angeführt.

Byte-Code Verifizierer	überprüft die Länge des Textes
Applet Class Loader	
Java Virtual Machine	überprüft Byte-Code
(Security Manager)	
Laufzeit-Umgebung	überprüft Zugriffe auf Dateien

Tab.7.10 Sicherheitskomponenten

Lücken gibt es dabei nach Ansicht von Sicherheitsexperten (Felten, E. - Princeton) lediglich durch fehlerhafte Implementierung von Komponenten.
Dieser Ansatz brachte einige Probleme mit sich, vor allem im Zusammenhang mit Datenbankanwendungen. Es ergab sich deutlich zu viel Netzverkehr.

Physische Zusammenführung verteilter Programmkomponenten
      auf dem ausführenden Rechner:
     „Kooperations-Modell":Client
     $\Rightarrow$ Laufzeit-Kommunikation nicht erforderlich
     Anwendungs-Situation
        - Fkt.-spezialisierte Applets
        - schlanke Clients
        Gegensatz: Dinosaurier wie Office '97
            - 160 Mbyte
            - (zu) große Fkt.-Anzahl

1. Etappe Java als „Client-Sprache"

Die zweite Etappe der Java-Entwicklung charakterisiert Java als „Client-Server-Sprache". Das bedeutet, die physische Verteilung der Komponenten einer Anwendung bleibt zur Ausführung erhalten. Dies macht natürlich Kommunikation erforderlich. Das Kooperationsmodell ist vom Typ Client-Server. Für das Einbeziehen von Kommunikationsmechanismen werden unterschiedliche Ansätze verfolgt. Zwei Richtungen sind in diesem Bereich eingeschlagen:

     ♦ Kooperation mittels „externer Komponenten"
     ♦ Kooperation mittels Java.

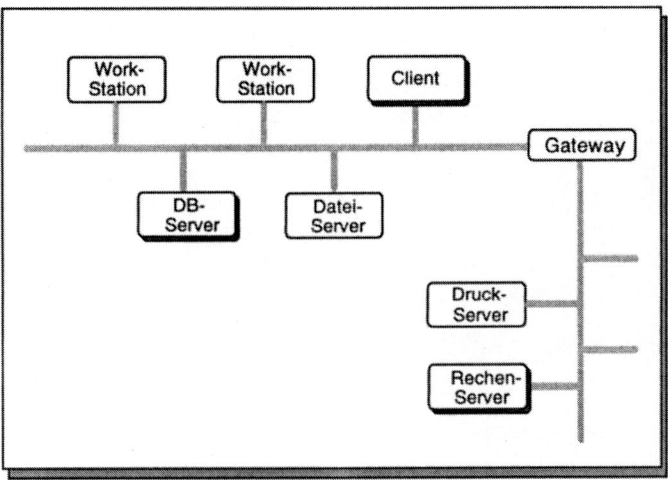

Abb.7.21 Kooperationsmodell Client-Server

Für die erste Richtung bieten sich wiederum mehrere Möglichkeiten an. Da ist einmal das Common Gateway Interface - CGI. Eine andere Möglichkeit ist es, die Kommunikation zwischen Bausteinen auf der Basis des CORBA-Referenzmodells zu realisieren.

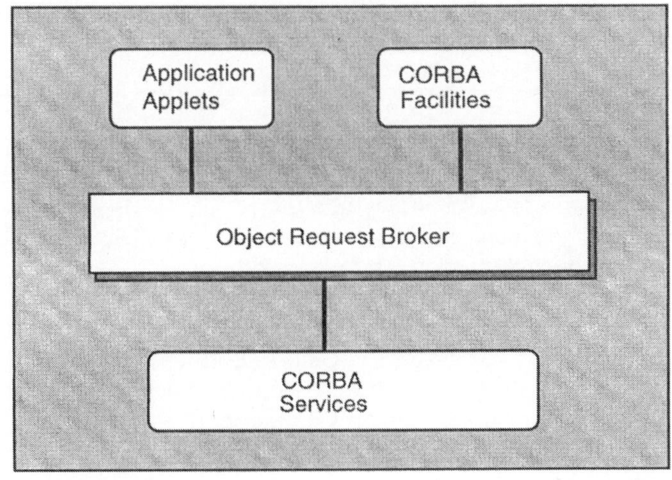

Abb.7.22 CORBA Kommunikations-Prinzip

♦ CORBA-Services: Klassenbibliotheken (für ORB erforderlich!)
    - Naming-Service
    - Event-Service
    ⇒ Synchronisation zwischen Objekten
      - Trading-Service
      - ...
    Σ 13 Service-Spezifikationen
♦ CORBA-Facilities: Klassenbibliotheken (optional - vom
    Entwickler einer CORBA-Implementation)
      - horizontal: für alle Anwendungen
      - vertikal: für best. Anwendungen

CORBA-Komponenten

Für eine Implementierungen in Java ist eine Verknüpfung von

ORB + CORBA-Services + Corba-Facilities

erforderlich. Die Applikations-Objekte nutzen dabei Services und Facilities mittels Vererbung (im Falle der Spezialisierung) oder über Referenzierung. Beispiele für die Nutzung dieses Kommunikations-Mechanismus liegen bereits vor.
Die zweite Richtung ist bestimmt durch die Komponente Remote Methode Invocation - RMI. Sie ermöglicht den Aufruf von Methoden in Objekten außerhalb des rufenden Adressraums. RMI ist somit die Java-spezifische Ausbildung des RPC.
Zwecks Arbeitsteilung in Java-Anwendungen werden neben Applets nunmehr Servlets hinzugenommen. Die Bezeichnung soll unterstreichen, dass diese Java-Komponenten jeweils auf dem entsprechenden Server abgearbeitet werden.

Physische Verteilung der Komponenten bleibt bei der Ausführung erhalten:
    Kooperations-Modell: Client-Server
    ⇒   Kommunikations-Mechanismus erforderlich
    Anwendungs-Situation (ab Anfang '97)
      - verteilte Verarbeitung im „Normalzustand"
      - Erschließen bestimmter Anwendungen: Servlets
      ⇒   Umstieg von DBMS-Entwicklern (Sybase, ...)
      - Unabhängigkeit von Plattform-Homogenität
      ⇒   Umstieg großer Entwickler (IBM, ...)

2. Etappe Java als „Client-Server-Sprache"

In jüngster Zeit ist im Unternehmen Sun die mittlerweile breit gefächerte Palette von Java in vier Einsatzbereiche gruppiert und in folgendes Schema eingeordnet worden.

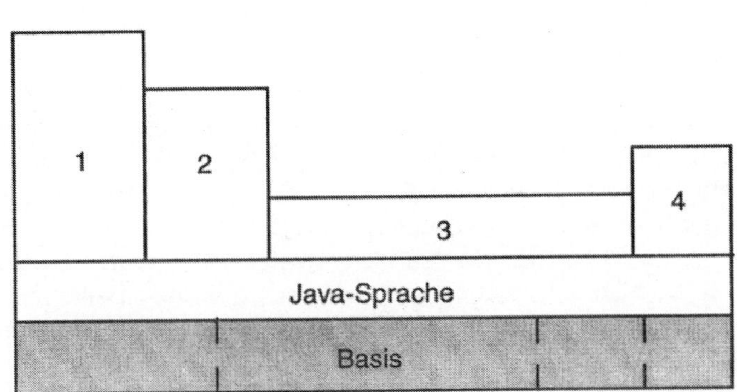

Abb.7.23 Einsatzbereiche Java

Die Ziffern 1...4 kennzeichnen die Bereiche mit nachstehender Bedeutung:

     1 - Java2 Enterprise Edition (J2EE)
     2 - Java2 Standard Edition (J2SE)
     3 - Java2 Micro Edition (J2ME)
     4 - Smart Card Edition.

Die Basis wird gebildet von jeweils zugeschnittenen Virtual Machines. Zu den Bereichen 1...3 gibt es dann noch spezifische Erweiterungen. Beispiele dafür sind:

     - Java 2D
     - Java Beans

für die Standard Edition.

Kapitel 8

Wertungen

8.1 Bausteine und Abfallprodukte

Müll ist in unserer Vorstellung in aller Regel materialisiert. Aber auch in der Welt der Symbole - der Informationsverarbeitung bzw. des Informationskonsums - spüren wir, dass bestimmte Produkte hilfreich und andere lediglich weitere Symbole sind, die nichts nützen und den Blick auf Wesentliches verstellen. Unzählige Fernsehsendungen, Werbespots, Videoclips, Postwurfsendungen etc. sind beredtes Zeugnis dafür.
Aber selbst im Bereich seriöser Information, wie z.B. der Bekanntgabe wissenschaftlicher Erkenntnisse führen allein Quantität und zeitlich komprimierte Aufeinanderfolge zu drastischem Werteverfall. So werden sogar von der Sache her hilfreiche Informationen unglaubwürdig. Im Konsumenten bildet sich die Haltung heraus, es könnte (beinahe) alles wahr sein.
Zur Bewertung von Informationen wird hier ihre Nützlichkeit beim Problemlösen herangezogen. Die Berechtigung dafür liegt darin, dass die Behandlung von Problemen das wesentliche Element des Lebens ist. Dabei gilt dies sowohl im Zusammenhang von Betrachtungen des Lebens als wissenschaftliche Kategorie als auch in der alltäglichen Realität. Denn Leben entwickelt sich, in großen Bögen - wie z.B. der Herausbildung von Arten - und in kleinen Schritten - wie z.B. dem Alltag des Individuums - nach folgendem Schema (Popper 1994):

> - das Problem;
> - die Lösungsversuche;
> - die Elimination.

Das entscheidende Mittel zur Bewältigung dieser Schritte ist die Information. Im Schritt 1 gilt es, ein Problem zu erkennen. Schritt 2 umfasst dann „Vorstellungen", wie die problembeladene Situation zu verändern ist. Und drittens ist dann herauszufinden, welche „Vorstellungen" erfolgreich und welche erfolglos sind.

Die Frage nach dem Kontext, in dem „informatorische Umweltverschmutzung" einzuordnen ist, führt zwangsläufig zu generellen Tendenzen gegenwärtiger gesellschaftlicher Entwicklung.

- ♦ Die Marktwirtschaft und ihre immanenten Antriebskräfte führen zu tiefem Egoismus und zunehmender Maßlosigkeit.

♦ Damit schwindet die Verantwortlichkeit für Gemeinsames, und Ausuferungen auf allen Gebieten sind die Folge.

Reduzierung bis Beseitigung dieser destruktiven Tendenzen sind sicherlich nur auf der Basis einer Verantwortungsethik erreichbar. Dabei deuten sich zwei schwerwiegende Probleme an. Erstens, wie muss eine solche Ethik aussehen, um dem Entwicklungsstand gerecht werden zu können. Zweitens, wie wäre diese dann realisierbar. Dass „Bedarf" dafür durchaus vorhanden ist, belegen immer wieder bestimmte Gruppierungen wie z.B. Runde Tische und Lichterketten in Deutschland oder communitarians in den USA.

Für die Informatik gibt es vergleichbare Ansätze zu ethisch orientiertem Handeln. Die Informatik - so wurde herausgearbeitet - verändert die Umgebung vieler Menschen, verändert also unsere Umwelt. So erwächst dem Informatiker für diese Veränderungen besondere Verantwortung. Das Bewusstsein dafür kann durch eine spezifische Ethik herausgebildet und gefördert werden. So ergibt sich ein Rahmen der aufzeigt, welche Haltungen (und Produkttypen) des Informatikers dem Berufsethos entsprechen und welche zu verwerfen sind.
Ein Hantieren mit Bausteinen macht es zunehmend auch in der Softwareentwicklung möglich, aus vorgefertigten Komponenten umfangreiche Systeme zu produzieren. Bei vielen solcher Produkte geht über die Quantität der Blick für die Qualität verloren. Es ist die Tendenz zu beklagen, dass Informationssysteme zwar größer, aber nicht unbedingt entsprechend besser werden.

Bezogen auf die im Alltag des Informatikers entwickelten Produkte schlägt Siefkes ein Umdenken auf kleine Systeme vor (1996). Orientierung auf kleine Systeme als Mittel für die Informatiker, um die Entwicklung ökologisch zu lenken.
Aus der Natur abgeleitet ist die Erkenntnis, für das Zusammenwirken von individuellem Erleben und globaler Evolution ist das Zusammenspiel von Phänotyp und Genotyp erforderlich. Entwicklung von Informationssystemen bedeutet Formalisierung geistiger und sozialer Zusammenhänge. Siefkes sieht nun formalisierbare Anteile als Genotyp und nicht formalisierbare Elemente (einschließlich der Erfahrungen der Entwickler) als Phänotyp an. In den Produkten der Informatik ist dann der Phänotyp nicht mehr enthalten. Und es werden beim Einsatz dieser Produkte direkt soziale und kulturelle Situationen und Möglichkeiten verändert. Anwender haben und machen mit den Produkten zusätzliche Erfahrungen. Diese lassen sich mit denen der Entwickler i.Allg. nur über den Genotyp verknüpfen. Und so wird, ökologisch gesehen, die geistige und damit soziale Entwicklung unterbrochen. Erhalten lässt sich der Zusammenhang in kleinen Systemen, die ineinander übergehen und von den Beteiligten verstanden werden. Um dies bei weltumspannenden Systemen wie dem Internet zu verwirklichen, bleibt sicherlich noch einiges an Arbeit zu tun. Aber mit dem hier diskutierten Vorschlag wird eine Richtung angegeben.

Zusammenfassung

- Informatik verändert unsere Umwelt.
- Informationsverarbeitung ist eine notwendige Funktion des Lebens.
- Falsche oder auch übermäßige Information kann diese Funktion empfindlich beeinträchtigen.
- Ein Berufsethos kann für Informatiker den Bereich abgrenzen, in dem sie verantwortungsvoll handeln.
- Kleine Systeme können einen Rahmen für optimale Informationsverarbeitung bilden.

8.2 Bewertung des Aufwands

Die Vorhersage des zu erwartenden Aufwandes ist für Planung und Realisierung von Projekten enorm wichtig. Die Grundlage für die Schätzung dieses Aufwandes bilden vorzugsweise Erfahrungen aus erfolgreichen Projekten. Verallgemeinerungen entsprechender Daten und ihrer Zusammenhänge führen dann zu Verfahren zur Abschätzung des Aufwandes. Projekte und Erfahrungen verändern sich. Somit ergibt sich auch Wandel in den Verfahren. Den Hauptweg der Entwicklung von Vorgehensweisen zur Ermittlung des Aufwandes und wesentliche Meilensteine zeigt die Abbildung 8.1.

In der nachstehenden Tabelle werden wesentliche Merkmale der in der Übersicht angeführten Verfahren zusammengefasst.

ANSATZ	BASIS	METHODE	MERKMALE
White-Box	Code-Zeilen	Putnam 1978 Boehm 1981	
Black-Box Function-Points			
- Albrecht	Datenfluss	IBM 1979	Eingabe-Daten Ausgabe-Daten DB-Zugriffe
- Symons	Datenelement	MARK II 1988	Eingabe Ausgabe Entities

Fortsetzung umseitig

176

	Fortsetzung		
Data-Points	Datenstruktur	Sneed	Entities Attribute Schlüssel Relationen Views
Object Points	Klassen und Be- ziehungen	Sneed 1996	Class-, Message-, Process Points

Tab. 8.1 Aufwandsmerkmale

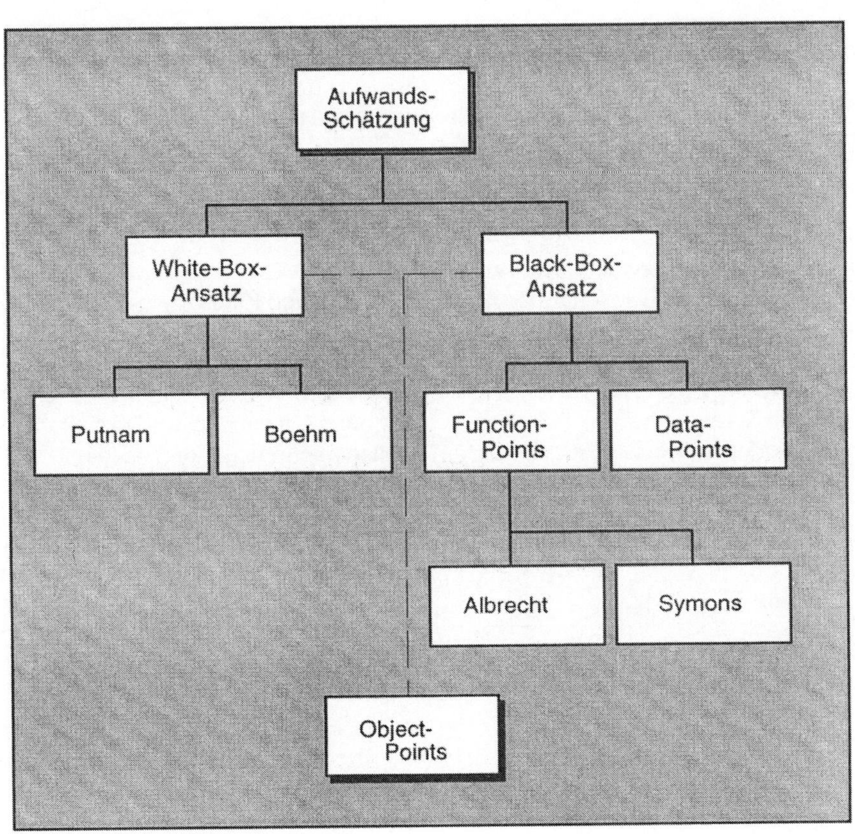

Abb.8.1 Verfahren zur Aufwandsschätzung

In allen Verfahren werden über zusätzliche Einflussfaktoren Projektmerkmale mit berücksichtigt.

$$\text{Einflussfaktoren} \Rightarrow \text{Projekteinflussfaktoren} := \text{Produktmerkmale} + \text{Prozessmerkmale.}$$

Als Eckpunkte für die metrische Bewertung objektorientierter Software sind bestimmte Grundmaße herausgearbeitet worden (Chidamber&Kemerer 1994).

- Anzahl (gewichteter) Methoden pro Klasse
  Wichtung ergibt sich durch Komplexität der Methode
  $\Rightarrow$ Systemgröße
- Tiefe der Vererbungshierarchie
  Zahl der Ebenen zwischen abgeleiteter und ursprünglicher Klasse
  $\Rightarrow$ Vererbungskomplexität
- Anzahl von Subklassen für Superklassen
  $\Rightarrow$ Grad der Wiederverwendung
- Grad der Kopplung von Klassen
  Kopplung: Methode einer anderen Klasse wird benutzt
  $\Rightarrow$ Schnittstellenkomplexität
- Antwortverhalten einer Klasse
  Anzahl verschiedener Methoden, die auf eine gegebene Nachricht reagieren können
  $\Rightarrow$ Grad des Polymorphismus
- Zusammenhalt zwischen Methoden (innerhalb von Klassen)
  $\Rightarrow$ Cohesion

Bei den jüngst von Sneed (1996) entwickelten Object Points handelt es sich um tabellarische Erfassung der Größen, welche den Aufwand zur Erarbeitung von objektorientierter Software bestimmen. Die Tabellen haben folgenden Aufbau:

CLASS POINTS

Objekt	Typ	Attribute	Beziehungen	Methoden	Neuheits-Grad

MESSAGE POINTS

MESSAGE-TYP KOMPLEXITÄT PARAMETER QUELLE ZIEL WIEDERVER-
WEND-RATE

PROCESS POINTS

PROZESS-TYP KOMPLEXITÄT VARIATIONEN

Berechnungen zur Abschätzung des Aufwandes werden folgende vorgeschlagen:

Class Points	=	{(Attribute) + (Beziehungen x 2) + (Methoden x 3)} x Wiederverwendungsrate
Message Points	=	{ Parameter + (Quellen x 2) + (Ziele x 2)} x Wiederverwendungsrate x Komplexitätsrate
Process Points	=	(Prozess-Typ + Varianten) x Komplexität

Die Object Points werden durch Qualitätsanforderungen und Einflussfaktoren justiert. Die Einflussfaktoren sind hier:

- Verfügbarkeit von Groupware für das Projektteam
- Benutzungsoberfläche der Entwicklungsumgebung
- Netzzuverlässigkeit der Plattform
- Reife des zu entwickelnden Prozesses
- technische Unterstützung des Projektteams
- Anwendungsgrad objektorientierter Methoden
- objektorientiertes Niveau der verwendeten Sprache
- Verfügbarkeit von objektorientierten CASE-Tools
- Vorhandensein eines Objekt-Repository
- Grad der Testautomatisierung.

Die Größe für den Aufwand leitet sich dann aus der Zahl der Object Points ab. Dazu werden diesen Punkten Implementierungs- und Testwerte zugeordnet.

<table>
<tr><td>1 Object Point</td><td>≅</td><td>1 Attribut-Deklaration</td></tr>
<tr><td>2 Object Points</td><td>≅</td><td>1 Nachricht oder
1 Funktions-Prototyp</td></tr>
<tr><td>3 Object Points</td><td>≅</td><td>1 Methode</td></tr>
<tr><td>1 Object Point</td><td>≅</td><td>4 - 8 Zeilen Quell-Code (C++)</td></tr>
</table>

8.3 Qualität

Gute Qualität stellt sich auch bei objektorientierter Arbeit nicht von selbst ein, sondern muss ausdrücklich herbeigeführt werden. Für die Qualitätssicherung steht eine Reihe von Maßnahmen zur Verfügung. Diese werden im nachstehenden Schema geordnet.

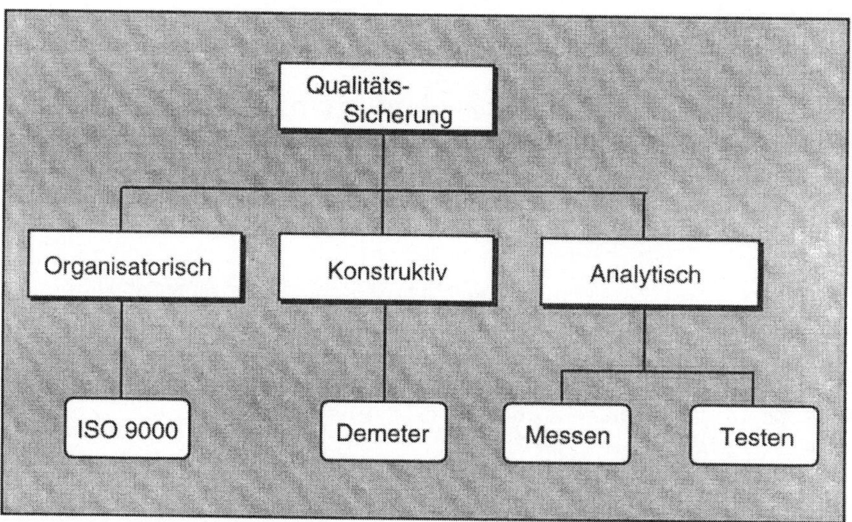

Abb.8.2 Klassen von Maßnahmen

Will man Qualität dann z.B. messen, ist zunächst zu überlegen, an welche Komponenten der Maßstab anzulegen ist. Hierzu eine weitere Zusammenstellung.

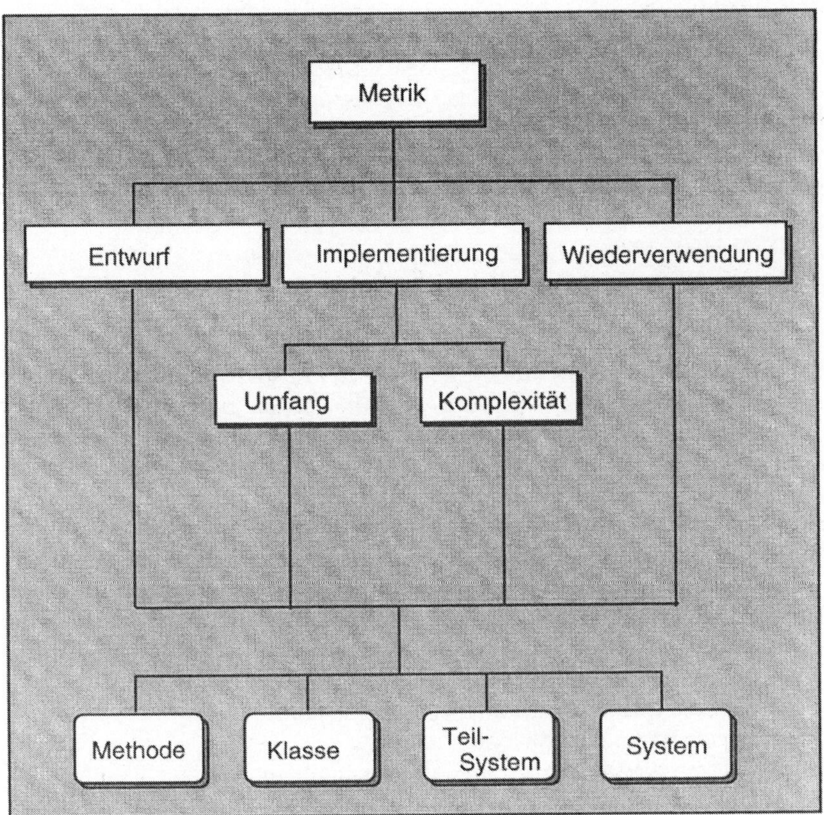

Abb. 8.3 Messen der Qualität

8.4 Testen bausteinbasierter Software

Objektorientierung verhindert nicht, dass so entwickelte Software Fehler enthält. Dies wird durch die Darlegungen vorgeschobener und tatsächlicher Vorteile des objektorientierten Ansatzes in den Hintergrund gedrängt.

Fehlerquellen werden einerseits reduziert und treten auf der anderen Seite neu hervor. Die mit der Kapselung zunehmende Lokalisierung verringert die so genannten Fernwirkungen. Die verstärkte Modularisierung erhöht aber durch vermehrte Kooperation von Methoden in verschiedenen Klassen die intermodularen Abhängigkeiten. Deshalb verweist bereits Meyer (1988) auf eine stärkere Abhängigkeit von Entwicklern einzelner Klassen.

Innerhalb einer Klasse kann eine Vielzahl von Methoden erforderlich sein, die zwar prozedural unabhängig sind, über gemeinsame Attribute der Objekte - beispielsweise bei Aufeinanderfolgen von Zustandsveränderungen - aber miteinander verbunden sind. Diese Methoden sind somit über gemeinsame Daten verknüpft.

Weiterhin führt auch die Vererbung, also die Übernahme "fremder" Eigenschaften, zu Abhängigkeiten zwischen Klassen.

Und die durch Klassen spezifizierten Objekte können in der Regel viele verschiedene Zustände annehmen. Diese und alle Übergänge sind ein weiteres verkomplizierendes Element.

Und nicht zuletzt schafft die Vielzahl potentieller Anwendungen von Klassen Probleme hinsichlich der Prognose einwandfreien Funktionierens. Dabei bewirkt vor allem der Umstand, dass öffentliche Methoden von jeder anderen Klasse aus benutzt werden können, Komplexität.

Zwei Richtungen werden auch im objektorientierten Ansatz verfolgt, um die Komplexität durchschaubar zu machen. Erstens, es gibt Überlegungen dazu, was ein guter objektorientierter Entwurf - als Voraussetzung für eine gute Implementierung - ist. Als Beispiel wird das so genannte Gesetz von Demeter angeführt. Zweitens wird begonnen, das Testen objektorientierter Software zu entwickeln.

Testen ist das probeweise Abarbeiten implementierter Komponenten eines Informationssystems. Das Ziel besteht dabei darin zu belegen, dass die spezifizierte Funktionalität tatsächlich vorhanden ist. Funktionalität wird in objektorientierten Systemen realisiert durch

- einzelne Memberfunktionen in einer Klasse
- einzelne Memberfunktionen - vererbt
- Zusammenwirken von Memberfunktionen - verbunden mit dem Austausch von Daten
- Herbeiführen von Zuständen - durch Verändern von Zustandsvariablen
- Zustandsfolgen von Objekten - so genannte Objekt-Lebensläufe.

Tabelle 8.2 zeigt eine Zusammenstellung der Komponenten objektorientierter Software. Sie verbessert die Systematik bei der Zuordnung von Ansätzen und Aufgaben des Testens.

Die Teststrategie muss objektorientierten Systemen adäquat sein. Nach Firesmith (1994) haben sich deshalb folgende Ansatzpunkte für das Testen herausgebildet:

- Exemplartest   (Instance Testing)
- Kontexttest   (Context Testing)
- Vollständigkeitstest (Completness Testing)
- Zustandsmodelltest   (State Model Testing).

Gegenstand	Komponenten OO-System

Aufbau-
Organisation
	Klassen
	   - Funktions-Member Methoden
	   - Daten-Member Datenstrukturen
	Klassen-Hierarchien
	   - Kind-of
	   - Part-of
	Frameworks

Ablauf-
Organisation
	Kooperation
	   - Dienste
	   - Protokolle
	Objekte
	   - Zustand
	   - Zustandsfolge Lebensläufe
	Nachrichten

Tab.8.2 Softwarekomponenten

Der Exemplartest bezieht sich auf bestimmte Objekte, die aus den Klassen entsprechend erzeugt werden müssen.

Der Test aller Objekte in allen relevanten Zusammenhängen - Empfang von Nachrichten, Erprobung der möglichen dynamischen Bindungen, Auslösen von Ausnahmebedingungen - ist Ziel im Kontexttest.

Die Überdeckung aller Methoden und Methodenketten, aller Anweisungen sowie die Veränderung aller Attribute wird beim Vollständigkeitstest angestrebt.

Und die relevanten Zustände und Zustandsübergänge sind der Gegenstand des Zustandsmodelltests.

Die Verbindung des Testens zur Anwendung eines Informationssystems wird bei Siegel (1992) deutlich. Dieser Vorschlag umfasst

- ◆ Ermitteln des jeweiligen Nutzungsprofils (des objektorientierten Systems)
- ◆ Ableiten von Testzielen aus dem Klassenentwurf
- ◆ Ermitteln der Beziehungen zwischen Klassen (Mutationsanalyse)
- ◆ Ermitteln statistisch relevanter Testfälle (Risikoanalyse)
- ◆ Ableiten und Einengen von potentiellen Fehlern anhand der Kooperation von Klassen.

Mit der Teststrategie verändern sich auch die Anforderungen an geeignete Werkzeuge. Für das Testen von Klassen bzw. deren Objekte durch Werkzeuge orientiert man sich gegenwärtig vor allem an der Zusicherungstechnik, um aus den entsprechenden Quelltextanweisungen die Testhilfen generieren zu können. Zum zentralen Werkzeug jedoch wird der Browser.

Durch die starke Dezentralisierung in objektorientierten Systemen sind Überblick und Zusammenhänge weniger deutlich. Deshalb ist die hauptsächliche Funktion eines Browsers die

> **Visualisierung realisierter Strukturen.**

Diese Strukturen sind die (vor allem im Quelltext) verwirklichte

> - Aufbauorganisation
> - Ablauforganisation.

Für eine effektive Unterstützung der Softwareentwickler ist es nun erforderlich, die verschiedenen Aspekte der Strukturierung in u.U. skalierbaren Auflösungsgraden sichtbar zu machen. Die nachstehende Tabelle stellt solche Aspekte zusammen.

STRUKTUR-ASPEKT	VISUALISIERUNG	BEZUG
SYMBOLE	Definition & Verwendung Navigation in Symboltabellen	Symboltabelle
KLASSE	Klasse selbst	
KIND-OF-BEZIEHUNG	Klasse mit ihren Basisklassen vererbte Memberfunktionen & Datenmember	
	Vererbungshierarchie Überblick Klassenbibliothek	
PART-OF-BEZIEHUNG	komposite Objekte Containerklassen	

Fortsetzung umseitig

Fortsetzung

Uses-Beziehung   Aufrufgraph
         - statisch
         - dynamisches Binden
    Veränderung von Zuständen (Variablenbelegungen)
    Protokolle   öffentliche Schnittstel-
                                 len

    Kontrakte   zugesicherte Dienst-
                                 leistungen für Clients

    Entwurfs-Muster
    Frameworks

Tab.8.3 Strukturierungs-Aspekte

Die im unteren Teil der Tabelle aufgeführten Visualisierungen sind sicherlich wünschenswert im Sinne einer weiteren Aggregation. Gegenwärtig sind solche Funktionen in den Werkzeugen jedoch kaum realisiert.

Zusammenfassung

Produkte aus Bausteinen anzufertigen ist in der Technik lange und weit verbreitet. Das Prinzip, statt kleinteiliger einzelner Elemente größerformatige Baugruppen einzusetzen, bringt Vorteile. Somit liegt der Gedanke nahe, dieses Prinzip auch im Software Engineering nutzen zu wollen.

Bausteinbasierte Softwarentwicklung ist etwas anderes als ein programmiertechnisches Paradigma - es ist ein umfassender Ansatz. Wir gehen deshalb von einer Definition für Bausteine aus, die frei ist von aktuellen Trends. Und, zwecks weiterer Fundierung der Plattform zur Verständigung, werden die relevanten Eckpfeiler der Softwareentwicklung markiert.
Die Verwendung von Bausteinen, so wird vor diesem Hintergrund dann gezeigt, ist in der Softwareentwicklung universell und äußerst vielfältig. Bausteine finden Anwendung in verschiedenen 'Hauptlinien' von Softwareprodukten wie Einzelplatz-Anwendungen, Groupware, Multimedia- oder Intra- und Internet-Anwendungen. In themenbezogenen Darstellungen dazu verdecken die vielen Details zu oft die allgemeineren Prinzipien. Unsere 'Hauptlinien' werden im Sinne von Fallstudien verwendet. Sie sollen Vergleichbares offenlegen und den Blick (weiter) öffnen für den o.a. universellen Ansatz der Arbeit mit Bausteinen.
Nicht Einmaligkeit der Verwendung von - u.U. besonders gelungenen - Bausteinen wird herausgestellt, sondern die sich wiederholende Möglichkeit wird aufgezeigt, Architektur und Implementierung bausteinbasiert auszugestalten.

Rationalisierung ist ein Vorteil auch in der bausteinbasierten Softwareentwicklung, besonders gefördert durch Spezialisierung. Bausteine, jeweils von den Softwareingenieuren mit entsprechender Fachkompetenz entwickelt, können qualitativ hohe Standards setzen.
Wiederverwendung von Bausteinen wird dabei häufig genannt, um die Entwicklung von Software zu effektivieren. Anspruch und Wirklichkeit aber gehen hier nicht zusammen.
Notwendig für die Wiederverwendung sind Module, die programmiertechnisch die Open-Closed-Bedingung erfüllen. Hier gibt es eine stete Entwicklung der Disziplin Software Engineering, um den Softwareentwicklern geeignetes 'Rüstzeug' bereitzustellen. Abstrakte Datentypen, Design Patterns oder Frameworks und ihre Realisierungen in objektorientierten Sprachen sind Anhaltspunkte für den gegenwärtig erreichten Stand.
Hinreichend sind diese softwaretechnischen Möglichkeiten offensichtlich nicht. Nach eingehenderer Betrachtung kann die Schlussfolgerung nur lauten: Die Prinzipien des Software Engineering reichen (noch) nicht aus, um Wiederverwendung als Problem lösen zu können!
Im vorliegenden Buch ist auch deshalb Wiederverwendung nicht der zentrale Punkt. Denn bausteinbasierte Softwareentwicklung soll als ständige Herausforderung an den Softwareingenieur bewusst gemacht werden, soll als ständig fortschreitende Möglichkeit in die Gesamtheit Software Engineering eingeordnet werden.

Literatur

Achatz,K.;Schulte,W.
Formale objektorientierte Softwareentwicklung
Softwaretechnik-Trends, 16, 3, 1996, S.24-32

Ackermann,P.
Developing Object-Oriented Multimedia Software
dpunkt-Verlag 1996

Adametz,H.;Barthel,B.,Faustmann,G.,Fleischer,J.,Messer,B.,Wikarski,D.
Konzepte flexibler Workflow-Management-Systeme
in   Telekooperations-Systeme in dezentralen Organisationen
ISST-Berichte 31/96 1996

Arch 1992
A Metamodel for the Runtime Architecture of an Interactive System
The UIMS Tool Developers Workshop, SIGCHI Bulletin
ACM, 24, 1, 1992, S.32-37

Basili,V.R.
Quantitative Evaluation of Software Methodology
Technical Report TR1519 1985

BAUER,G.
Softwaremanagement - Analyse und Entwurf
Spektrum Akademischer Verlag
Heidelberg Oxford Berlin 1995

Brito e Abren,F.; Carapuca,R.
Candidate Metric for Object-Oriented Software
Within a Taxonomy Framework
Journal Systems and Software 23(1) 1994

Chen,L.L.;Gaines,B.R.
From Groupware to Socioware:
A Conceptual Model for Virtual Cooperative Interaction
University of Calgary

Chidamber,S.R.;Kemerer,C.F.
A Metrics Suite for Object-Oriented Design
IEEE Trans on SE 20: 476 (1994, 6)

Coutaz,J.
PAC-based Software Architecture Modelling for Interactive Systems
Softwaretechnik-Trends Bd. 16 Heft 3, S.4-11

Deiters,W.;Lindert,F.;Friedrich,M
Der Vorgangsbearbeitungs-Teledienst zur Integration von Vorgangssteue-
rungsystemen
in   Telekooperations-Systeme in dezentralen Organisationen
ISST-Berichte 31/96 1996

Dewan,P.
Multiuser Architectures
Proc. EHCI'95
Working Conference on Engineering Computer Human Interaction

Eckert,H.
Die Workflow Coalition
Office Management Nr.6, 1995, S.26-32

Edwards,S.H.
Representation Inheritance: A Safe Form of „White Box" Code Inheritance
IEEE Transactions on Software Engineering Nr.2, 1997, S.83-86

Eisenecker,U.W.
Templates statt Vererbung
OBJEKTspektrum 4/96, S.92-95

Firesmith,D.
Testing Object-oriented Software
Proceedings of OOP '94, München, S.69-99

Gamma,E.
Objektorientierte Software-Entwicklung am Beispiel von ET++
Springer Verlag
Berlin Heidelberg New York 1992

Hasebrook,J.
Multimedia-Psychologie
Spektrum Akademischer Verlag
Heidelberg Berlin Oxford 1995

Honiden,S.;Kotaka,N.;Kishimoto,Y.
Formalizing Specification Modeling in OOA
IEEE Software January 1993

Jaaksi,A.
Implementing Interactive Applications in C++
Software - Practice and Experience 25(3), S.271-289

Johansen ,R.
Leading Business Teams
Addison-Wesley 1991

Kappel,G. u.a.
An Object-Based Visual Scripting Environment
in   Tsichritzis,D. (ed)
      Object Composition
      Université de Geneve 1989

Käppner,
Entwicklung verteilter Multimedia-Applikationen
Strategie und Realisierung einer geeigneten Systemunterstützung
Vieweg & Sohn 1997

Moreira,A.M.,Clark,R.G.
Rigorous Object-Oriented Analysis
in Bertino,E.,Urban,S.
      Object-Oriented Methodologies and Systems
      Proceedings ISOOMS '94 Palermo

Moser,L.E. u.a.
Totem: A Fault-Tolerant Multicast Group Communication System
Comm. of the ACM April 1996/Vol. 30, No. 4

Mössenböck,H.
Anwendungsmuster der objektorientierten Programmierung
in   Mayr,H.C.;Wagner,R. (Hrsg)
      Objektorientierte Methoden für Informationssysteme
      Springer-Verlag 1993

OMG
Business Object Component Architecture
http://www.omg.org/docs/bom/98-06-05.rtf

Paoli De,F.;Sosio,A.
Requirements for Layered Software Architecture Supporting Cooperative
Mulit-User interaction
Procc. ICSE 18, Berlin 1996

Popper,K.R.
Alles Leben ist Problemlösen
Über Erkenntnis, Geschichte und Politik
Piper 1994

Pree,W.
Komponentenbasierte Softwareentwicklung mit Frameworks
dpunkt verlag 1997

Saake,G.
Objektorientierte Spezifikation von Informationssystemen
B. G. Teubner 1993

Saleck,T.
Client/Server und Internet/Intranet:
Erst die Kombination bringt es
Datenbank Fokus 1997, H.3, S.18-31

Komponenten und Skalierbarkeit: Softwareteile in allen Größen
Datenbank Fokus 1997, H.4, S.20-27

Scharrenberg,M.E.;Dunsmore,H.E.
Evolution of classes and objects during object oriented design and pro-
gramming
JOOP January 1991

Siefkes,D.
Umdenken auf kleine Systeme - Können wir zu einer ökologischen
Orientierung in der Informatik finden?
Informatik-Spektrum 19: 141-146(1996)

Siegel,S.
Strategies for Testing Object-Oriented Software
Software Res. Inc., San Francisco, Mai '92

Sneed,H.M.
Schätzung der Entwicklungskosten von objektorientierter Software
Informatik-Spektrum 19: 133-140(1996)

Stein,W.
Objektorientierte Analysemethoden - ein Vergleich
Informatik Spektrum 1993, H.6

SUN
Java im Detail   1995
Java-Tutorial   1995

Szwillus,G.
Ein objektorientiertes Kontrollmodell für graphische Benutzungsschnittstellen
Softwaretechnik-Trends 16(1996)3, S.113-120

Volpert,W.
Wie wir handeln - was wir können
Ein Disput als Einführung in die Handlungspsychologie
Asanger Verlag Heidelberg 1992

Whitty,R.
Object-Oriented Metrics: A Status Report
Object Expert 1(2) 1996

Winograd,T.;Flores,F.
Understanding Computers and Cognition
A New Foundation for Design
Norwood 1986

Wirfs-Brock,R.;Wilkerson,B.;Wiener,L.
Designing Object-Oriented Software
Englewood Cliffs 1990

Sachregister